"十四五"普通高等院校新形态一体化系列教材

Python
语言基础与应用

刘　琼　张志辉　余志兵◎主　编
田萍芳　廖建平　李红斌　王思鹏　刘　星◎副主编

中国铁道出版社有限公司
CHINA RAILWAY PUBLISHING HOUSE CO., LTD.

内 容 简 介

本书是"十四五"普通高等院校新形态一体化系列教材之一，采用"纸质教材+电子资源"的模式编写，在内容设计上，注重实践性和创新性。通过引入一系列精心挑选的实际案例和综合实践项目，帮助读者在解决真实问题的过程中学习和成长。

本书全面介绍了Python语言的基础知识和编程技术，包括Python语言初体验、Python基本语法概述、Python基本数据类型、程序控制结构、函数、Python组合数据类型、文件和数据格式化、面向对象的程序设计、Python程序设计方法、Python计算生态等内容。

本书适合作为普通高等院校计算机及相关专业的教材，也适合自学者及开发人员使用。

图书在版编目（CIP）数据

Python语言基础与应用/刘琼，张志辉，余志兵主编.—北京：中国铁道出版社有限公司，2024.3（2025.2重印）
"十四五"普通高等院校新形态一体化系列教材
ISBN 978-7-113-31066-0

Ⅰ.①P… Ⅱ.①刘…②张…③余… Ⅲ.①软件工具-程序设计-高等学校-教材 Ⅳ.①TP311.561

中国国家版本馆CIP数据核字（2024）第034850号

书　　名：Python语言基础与应用
作　　者：刘　琼　张志辉　余志兵

策　　划：徐海英
责任编辑：徐海英　　　　　　　　　　　　编辑部电话：（010）63551006
封面设计：郑春鹏
责任校对：刘　畅
责任印制：赵星辰

出版发行：中国铁道出版社有限公司（100054，北京市西城区右安门西街8号）
网　　址：https://www.tdpress.com/51eds
印　　刷：天津嘉恒印务有限公司
版　　次：2024年3月第1版　2025年2月第2次印刷
开　　本：850 mm×1 168 mm　1/16　印张：15.5　字数：402千
书　　号：ISBN 978-7-113-31066-0
定　　价：49.80元

版权所有　侵权必究

凡购买铁道版图书，如有印制质量问题，请与本社教材图书营销部联系调换。电话：（010）63550836
打击盗版举报电话：（010）63549461

前　言

在人工智能时代，Python语言的学习具有重要意义。通过学习Python，我们可以更深入地了解人工智能和机器学习的原理和技术，更好地处理和分析数据，更灵活地应对复杂问题，更好地适应未来的科技发展。Python简洁易懂的语法和丰富的第三方库深受开发者的喜爱。然而，对于广大读者来说，Python的庞大知识体系往往令人望而却步。为了满足普通高等院校的教学需要，我们编写了本书，尝试在学习过程中引入人工智能，希望能够为读者提供一个轻松入门的平台，让更多的人能够掌握Python编程的基础知识，并在学习过程中享受到编程的乐趣。

本书落实立德树人根本任务，坚定文化自信，践行二十大报告精神，具有以下特色：

（1）在内容设计上，注重实践，融合知识。我们将冗长的基础知识分而化之，直接在本书的前面章节中提供了一个简略的概括性学习，并紧随其后引入turtle库的内容；然后在接下来的各章节中，将新知识层层推进，保持学习的新鲜感，并适时引入一些需要读者自行研究的新内容，以维持学习的动力。

（2）引导读者提出问题和解决问题。本书在基础知识的设计中注重引导读者自己提出问题并能够自己解决问题。我们相信编程是一种极佳的验证性思维学习方式，通过将疑问设计成问题在编程环境中进行实践验证，可以深入理解和掌握基础知识。因此，我们设置了一些问题和挑战，旨在激发读者的好奇心和求知欲，鼓励他们在实践中发现问题、提出问题，并通过自己的努力解决问题。这种学习模式有助于培养读者的主动学习能力，并打破传统知识灌输的限制。

（3）紧跟未来科技发展的趋势。例如，如何使用Python进行数据分析等应用方面的内容，是未来科技发展中不可或缺的技能。通过学习本书的知识和技能，读者可以了解、适应、紧跟科技发展的趋势，并为自己的职业发展打下坚实的基础。

（4）采取"纸质教材+电子资源"的形式。本书所有的案例和例题，都配套了相应的电子资源，扫码即可见。本书还配置了相关视频文件，用于扫清学习中的一些障碍。

本书由武汉科技大学刘琼、张志辉、余志兵任主编，田萍芳、廖建平、李红斌、王思鹏、刘星任副主编。本书在编写过程中得到多位专家和老师的帮助和审校。各章编写分工如下：田萍芳编写第 1 章,刘琼编写第 2、3 章,廖建平编写第 4 章,李红斌编写第 5 章,张志辉编写第 6、10 章、余志兵编写第 7 章,王思鹏编写第 8 章,刘星编写第 9 章。

在编写本书的过程中，得到了许多机构和个人的大力支持和帮助。感谢武汉科技大学计算机技术系提供的资源支持。

尽管我们在本书的编写过程中付出了巨大的努力，但由于水平有限，书中难免存在不足之处，诚请广大读者提出宝贵意见和建议，以便我们在后续版本中不断完善和提高。

编　者

2024 年 1 月

目 录

第 1 章　Python 语言初体验 1

1.1　程序设计语言 2
   1.1.1　概述 2
   1.1.2　高级语言的执行 2
1.2　Python 语言 3
   1.2.1　Python 语言的发展 3
   1.2.2　Python 语言的特点 4
   1.2.3　Python 语言的应用领域 4
   1.2.4　第一个 Python 程序 5
1.3　Python 的开发环境 5
   1.3.1　解释器的安装 5
   1.3.2　Python 程序的编辑 7
   1.3.3　pip 工具简介 9
小结 10
习题 10

第 2 章　Python 基本语法概述 12

2.1　Python 语言编程规范 13
   2.1.1　代码缩进 13
   2.1.2　注释 14
   2.1.3　续行 14
   2.1.4　标识符的命名 15
   2.1.5　保留字 15
2.2　常量、变量与对象 16
   2.2.1　常量 16
   2.2.2　变量 16

   2.2.3　对象 16
2.3　数据类型 18
   2.3.1　数字类型 19
   2.3.2　字符串类型 20
   2.3.3　布尔类型 20
   2.3.4　组合数据类型 21
2.4　Python 语句概述 22
   2.4.1　表达式 22
   2.4.2　赋值语句 22
   2.4.3　import 语句 23
   2.4.4　控制语句 25
2.5　输入/输出函数 25
   2.5.1　input() 函数 25
   2.5.2　print() 函数 27
2.6　turtle 库 28
   2.6.1　turtle 坐标系 29
   2.6.2　turtle 画布函数 30
   2.6.3　turtle 画笔函数 31
   2.6.4　turtle 库综合实践 34
小结 36
习题 37

第 3 章　Python 基本数据类型 38

3.1　数字类型 39
   3.1.1　整数 39
   3.1.2　浮点数 40
   3.1.3　复数 41

3.2 数字类型运算 42
　3.2.1 算术运算操作符 42
　3.2.2 数值运算函数 44
3.3 字符串类型 46
　3.3.1 字符串的表示 46
　3.3.2 字符串的编码 47
　3.3.3 字符串索引 48
　3.3.4 字符串切片 49
3.4 字符串类型的操作 49
　3.4.1 字符串操作符 49
　3.4.2 字符串操作函数 50
　3.4.3 字符串处理方法 51
　3.4.4 format() 方法 56
3.5 精选案例 59
小结 62
习题 62

第 4 章　程序控制结构 65

4.1 程序流程图 66
4.2 顺序结构 66
4.3 条件表达式 67
　4.3.1 关系运算符 67
　4.3.2 逻辑运算符 68
　4.3.3 成员测试运算符 in 69
　4.3.4 位运算符 70
　4.3.5 同一性测试运算符 is 70
　4.3.6 运算优先级 71
4.4 选择结构 71
　4.4.1 单分支选择结构 72
　4.4.2 双分支选择结构 if…else 72
　4.4.3 多分支选择结构 if…elif…else 73
4.5 循环结构 76
　4.5.1 for 循环 77
　4.5.2 while 循环 79
　4.5.3 循环控制：break 和 continue 81
4.6 程序的异常处理 82
4.7 random 库 85
4.8 精选案例 89
小结 90
习题 90

第 5 章　函数 94

5.1 函数的基本用法 95
　5.1.1 函数的定义 95
　5.1.2 函数的调用 96
　5.1.3 函数的返回值 96
　5.1.4 lambda 函数 98
　5.1.5 pass 语句 98
5.2 函数的参数传递 99
　5.2.1 形参和实参 99
　5.2.2 位置参数传递 101
　5.2.3 可选参数传递 102
　5.2.4 参数名称传递 102
　5.2.5 可变长度参数的传递 103
5.3 函数的递归调用 104
　5.3.1 递归的定义 104
　5.3.2 递归的使用 105
　5.3.3 递归举例 106
5.4 变量的作用域 107
　5.4.1 局部变量 107
　5.4.2 全局变量 108
5.5 精选案例 109
小结 112
习题 112

第 6 章　Python 组合数据类型 116

6.1　列表 117
6.1.1　列表的创建 117
6.1.2　列表的基本操作 119
6.1.3　列表的修改和删除 121
6.1.4　列表运算 121
6.1.5　列表的方法 122
6.1.6　列表应用举例 126

6.2　元组 129
6.2.1　定义元组 129
6.2.2　访问元组 130
6.2.3　元组运算 131
6.2.4　元组的方法 131

6.3　字典 132
6.3.1　声明字典 132
6.3.2　访问字典数据 133
6.3.3　字典的方法 134
6.3.4　字典应用举例 139

6.4　集合 141
6.4.1　声明集合 141
6.4.2　访问集合元素 142
6.4.3　集合的运算 142
6.4.4　常见集合方法 143

6.5　数据结构高级进阶 149
6.5.1　序列 149
6.5.2　迭代器 150
6.5.3　生成器 155

小结 157
习题 158

第 7 章　文件和数据格式化 160

7.1　文件概述 161

7.2　文件的打开与关闭 161
7.2.1　打开文件 161
7.2.2　关闭文件 163
7.2.3　上下文关联语句 163

7.3　文本文件的读/写 163
7.3.1　读取文本文件 163
7.3.2　文本文件的写入 165
7.3.3　文件内移动 166
7.3.4　文本文件的处理 167

7.4　数据组织的维度及数据处理 ... 169
7.4.1　数据的维度 169
7.4.2　一维数据的表示和存储 170
7.4.3　二维数据的表示和存储 172

7.5　CSV 文件的读写 172
7.5.1　CSV 文件简介 172
7.5.2　读取 CSV 文件 173
7.5.3　写入 CSV 文件 174
7.5.4　采用 CSV 格式对二维数据
　　　　文件的读/写 174

小结 175
习题 176

第 8 章　面向对象的程序设计 177

8.1　面向对象简介 178
8.1.1　面向过程与面向对象 178
8.1.2　面向对象的基本概念 180

8.2　类与对象 181
8.2.1　类与对象的定义 182
8.2.2　对象的创建 182

8.3　属性 183
8.3.1　类属性、对象属性和实例属性 183
8.3.2　私有属性和公有属性 185

8.4　方法 186

8.4.1 对象方法 186
8.4.2 实例方法 187
8.4.3 类方法 188
8.4.4 私有方法与公有方法 189
8.4.5 静态方法 190
8.5 继承和多态 191
8.5.1 继承 191
8.5.2 多态 191
8.6 特殊方法与运算符重载 192
8.6.1 特殊方法 192
8.6.2 运算符重载 193
8.6.3 自定义运算符重载示例 194
8.7 精选案例 195
8.7.1 简单类和对象问题 195
8.7.2 涉及继承、多态、重载的实例 198
小结 201
习题 202

第9章 Python 程序设计方法 205

9.1 面向过程编程 206
9.2 面向对象编程 207
  9.2.1 类与对象 207
  9.2.2 面向对象语言 207
  9.2.3 面向对象编程实现举例 208
9.3 函数式编程 208
  9.3.1 Python 中的函数式编程 209
  9.3.2 高阶函数 210
9.4 生态式编程 211
小结 213

习题 213

第10章 Python 计算生态 215

10.1 计算思维 216
10.2 程序设计方法论 217
  10.2.1 自顶向下 217
  10.2.2 自底向上 218
10.3 Python 标准库 219
  10.3.1 time 库 219
  10.3.2 math 库 222
10.4 Python 常见内置函数 224
  10.4.1 数学相关函数 224
  10.4.2 功能相关函数 225
  10.4.3 类型转换函数 225
  10.4.4 字符串处理函数 225
  10.4.5 序列处理函数 226
10.5 常用 Python 第三方库 226
  10.5.1 jieba 库 227
  10.5.2 pyinstaller 库 229
10.6 Python 数据分析 231
  10.6.1 NumPy 数组操作 231
  10.6.2 多维处理 233
  10.6.3 公式计算 236
  10.6.4 NumPy 数据分析应用举例 237
小结 238
习题 239

参考文献 **240**

第 1 章
Python 语言初体验

　　Python 是一款历史悠久且功能强大的编程语言，深刻影响着科学、工程和金融等领域。掌握 Python，意味着掌握了一种高效的问题解决工具。在探索 Python 的旅程开始之际，我们将追溯其历史渊源，理解 Python 如何逐渐发展成为现今的模样。我们还将学习如何安装 Python，如何在开发环境中熟练运用它。这一过程或许充满挑战，但只要我们坚持不懈，就一定能感受到 Python 所带来的无尽乐趣和便捷。接下来，让我们一同走进 Python 的世界，去探索它的奥秘。

本章知识导图

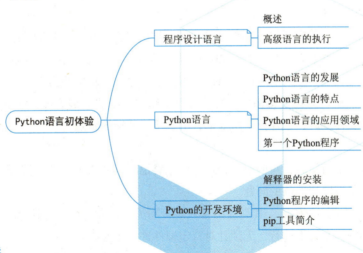

学习目标

- 了解 Python 的历史
- 掌握 Python 的安装
- 熟悉 Python 的开发环境

1.1 程序设计语言

1.1.1 概述

人类语言的产生可以追溯到人类社会的早期,是人类彼此之间交流和沟通的重要工具。语言使得人们可以表达自己的思想、感情和意愿,并且通过交流和沟通促进社会的发展和进步。而程序设计语言同样也是一种交流工具,只不过它是一种人与计算机之间的交流工具,而工具本身也会存在着一种进化的过程。它经历了机器语言、汇编语言和高级语言的发展过程。

1. 机器语言

机器语言是一种早期的程序设计语言,是一种低级语言,它是计算机能够直接理解和执行的唯一语言。

机器语言由二进制代码组成,可以直接被计算机硬件执行,不需要经过编译或解释。例如,执行数字1和数字2相加,16位计算机的机器指令为:11010001 00110010,这里要说明一下,不同的计算机结构其机器指令是不同的,所以我们也可能在其他书上看到与上例不一样的机器指令,也是完成数字1和数字2相加操作。

低级语言的说法其实是指计算机给人类提供的服务比较低级,而这就需要与其打交道的人类具有更高级的掌握计算机的能力。所以,在整个计算机的发展过程中,我们会发现计算机给人提供的服务越高级,人类本身对计算机的了解就越少,是一种此消彼长的过程。因此,在学习计算机类知识的过程中也要建立一种换位思考能力,面对能做这些的计算机,我们可以做些什么?

2. 汇编语言

由于机器语言难以理解和记忆,汇编语言就应运而生。

用助记符代替机器指令的操作码,用地址符号或标号代替指令或操作数的地址,这样就把机器语言变成了汇编语言。例如,执行数字1和数字2相加,其汇编语言指令为:add 1, 2,result。由于它是基于机器指令的符号表示,与机器指令一一对应,所以其本质上还是一种低级语言。

汇编语言与特定的硬件架构密切相关,每种计算机都有自己的汇编语言,这就导致了可移植性差,对使用者要求比较高。但同时,也保留了机器语言的直接且简捷的特点。

3. 高级语言

高级语言是接近人类日常可读写的语言,通常使用英语单词和常见的数学符号,可以更容易地描述计算问题,利用计算机解决所面临的问题。

例如,执行数字1和数字2相加,其高级语言代码可写为:result=1+2。其代码与计算机结构无关,可以在不同的平台和操作系统上运行,无须针对特定硬件进行更改。

在计算机历史上,曾经诞生几百种各式各样的编程语言,但能广泛使用的也就十几种,目前常见的高级语言有Java、C++、Python等。

1.1.2 高级语言的执行

用高级语言编写的程序是不能被计算机直接执行的,需要通过翻译成二进制的机器语言才能够被计算机执行，而这种翻译方式有两种，一种为编译方式，另一种为解释方式，由此也产生了编译器和解释器。编译器是将源代码一次性编译成目标代码的一种程序。解释器是逐行解释源代码并执行它的一种程序。

编译方式类似于人们日常生活中的笔译，比如，一篇中文文章需要将其翻译成英文，会一次性将整篇文章翻译成英文，并且其中的一些诗句和成语等，还需要尽量翻译成英文文化背景下易于理解的内容。也就是说编译方式除了将全部程序都编译成机器语言外，还会对整个程序有一个代码优化的过程，使生成的目标代码有更好的执行效率。

解释方式类似于人们日常生活中的口译，比如，国际会议中都有同声翻译，与会者的发言是说一句，就翻译一句，听到的人也会有听到这句话后的反应和表情，可理解为程序执行后的结果。

虽然编译方式的执行速度通常更快，但解释方式在某些情况下可能更适合某些应用程序的需求。例如，对于需要实时响应的应用来说，能够在运行时动态加载和执行特定模块的能力至关重要，而这正是解释型语言的强项。解释型语言无须提前编译所有代码，因此可以更加灵活地应对变化。此外，解释器还能更好地支持脚本语言等编程范式，这些范式往往不要求代码按照严格的顺序执行，从而提供了更大的灵活性和便利性。

在学习程序设计语言的过程中，我们不仅可以提升技术能力，还应当深化对科技与社会关系的理解。人类语言与程序设计语言都是交流的工具，前者连接人与人，后者连接人与机器。随着语言的进化，从机器语言到高级语言，人与机器的交互越来越便捷，这反映了人类对科技的追求与创新。同时，我们也应意识到，科技的进步不仅在于其功能性，更在于其对社会的影响。使用和设计程序时，我们要秉持正确的价值观和道德标准，确保科技真正服务于人类社会，推动社会的健康和谐发展。

1.2 Python 语言

1.2.1 Python 语言的发展

Python语言的发展史是一部充满变革与进步的壮丽篇章，涵盖了从初创时期到Python 2.0版本，再到Python 3.0版本的历程。

Python诞生于20世纪90年代初，由Guido van Rossum创建。Guido追求的简洁、易读和优雅的语法，成为Python语言的基石。Python的初始版本就引起了开发者的关注，其简洁明了的语法和高级语言特性使得开发者能够更高效地编写代码。

随着互联网的发展和普及，Python开始崭露头角。在Web开发领域，Python成为热门选择，并催生出众多流行的Web框架，如Django和Flask。这些框架进一步推动了Python在Web开发中的应用，助力开发者构建功能强大且优雅的Web应用。同时，Python在科学计算和数据分析领域也取得了重要突破，NumPy、pandas等库的出现为数据分析师和科学家们提供了强大的支持，巩固了Python作为数据科学首选语言的地位。然而，随着时间的推移，Python 2.x系列的问题开始显现，向后兼容性导致一些语言特性和改进的引入变得困难，使其很可能和计算机历史出现的其他语言一样，会成为昙花一现。

为了解决这些问题，Python社区进行了重大升级，推出了Python 3.0。

Python 3.0的发布是一次不兼容的升级，它修复了历史遗留问题并引入了许多改进。字符串和文本处理的改进、新的语法特性和异常处理机制的引入，都为Python的未来发展铺平了道路。尽管这些变化带来了与Python 2.x的不兼容性，但Python社区逐渐接受了Python 3.x，并共同努力进行迁移和开发。如今，Python 3.x已经成为主流，持续在各个领域中发挥重要作用。

Python的发展史见证了这门编程语言从初创时期到如今的辉煌。Guido van Rossum的初衷、开发者的努力以及开源社区的合作精神共同塑造了Python的过去和未来。它的成功来自于简洁易读的语法、强大的生态系统以及广泛应用领域的拓展，证明了开源精神和合作的力量，也提醒我们技术应为进步而服务，不断适应和满足社会的需求。让我们期待Python在未来的发展中继续创造新的辉煌，推动编程世界的进步与创新！

1.2.2　Python语言的特点

Python语言独具魅力，在编程领域中备受推崇。它拥有简洁易懂的语法，让人能够快速上手并编写出清晰的代码。作为一种面向对象的语言，Python支持类和对象的概念，使得代码更具模块化和可重用性。同时，Python还具备可移植性，可以在多种操作系统中自由运行，为开发者带来了极大的便利。

Python还是一种解释型语言，不需要预编译即可执行，这使得开发过程更加高效和灵活。更为重要的是，Python是开源的，这意味着其源代码开放给所有人使用和修改。这种开放精神促进了Python生态系统的发展，使得众多第三方库得以涌现。这些库涵盖了数据分析、机器学习、网络编程、Web开发等诸多领域，为Python赋予了无限可能。

此外，Python还具备高级语言的特性，使得开发更加快速和便捷。同时，它还提供了与C、C++等语言的集成能力，确保在关键时刻能够借助其他语言的优势。而且，Python社区注重代码规范，这使得代码可读性强，易于维护，为团队合作奠定了良好基础。

综上所述，Python语言集简洁、面向对象、可移植、解释型、开源、高级语言特性于一身，同时又拥有丰富的第三方库支持和规范的代码要求。这些特点共同成就了Python编程之美，让无数开发者为之倾倒。

1.2.3　Python语言的应用领域

Python语言的多功能性和适应性令其在各个领域中都能发挥出色。

在Web开发领域，Python拥有丰富的框架，如Django和Flask，它们像是匠心独具的工匠，帮助开发者打造出功能丰富、稳定可靠的Web应用、网站和API。无论是小型项目还是大型企业级应用，Python都能轻松应对。

数据科学领域中，Python成为了一个无所不能的分析师。NumPy、pandas和scikit-learn等第三方库为数据分析、数据建模和机器学习提供了强大的支持。它们让数据科学家们能够轻松处理海量数据，揭示出其中的模式和趋势，驱动业务决策和前进。

当谈到人工智能和机器学习时，Python更是站在了舞台的中央。自然语言处理、图像处理、语音识别和深度学习等领域都在广泛使用Python。它提供了一种简单而强大的方式来训练神经网络，开创了人工智能技术的新纪元。

同时，Python也在自动化运维和测试领域发挥着重要的作用。它可以编写自动化脚本和工具，实现自动化测试、系统监测和数据采集。这种自动化能力提高了开发过程的效率和可靠性，减少了人工错误，并加速了软件的发布周期。

除了上述领域，Python还在游戏开发中展现了自己的实力。利用Pygame和Panda3D等工具，开发者可以创造出引人入胜的游戏体验，将玩家们带入一个精彩的游戏世界。

在桌面软件开发方面，Python同样具备强大的图形界面开发能力。Tkinter和PyQT等框架帮助开发者构建出各种功能强大、交互友好的桌面应用，满足用户的日常需求。

网络编程是Python的另一重要应用领域。作为一切开发的"基石"，网络编程在生活和工作中无处不在。Python提供了丰富的网络编程库和工具，使得开发者能够轻松实现网络通信、数据传输等任务，推动着互联网的蓬勃发展。

最后，随着云计算的兴起，Python也成为了云计算开发的重要语言。OpenStack等流行的云计算框架就是由Python开发的。对于渴望深入学习云计算并进行二次开发的开发者来说，掌握Python技能是必不可少的。

综上所述，Python语言在各个应用领域中都发挥着举足轻重的作用。它的丰富特性和广泛支持使得开发者们能够高效地进行Web开发、数据科学、人工智能、自动化运维、游戏开发、桌面软件、网络编程和云计算开发等工作。由于它的多功能性和不断发展的生态系统，Python的未来无可限量，它将继续推动着编程世界的创新与进步。

1.2.4 第一个 Python 程序

在很多编程语言中，一个常见的练习是编写一个打印 "Hello, World!" 的程序，这通常被称为第一个程序。在Python语言中，这个程序只需要如下一行代码：

```
>>> print("Hello,World")
Hello,World
```

其中第一行的">>>"是Python语言环境中的提示符，用户可以在提示符后面输入Python语句。第二行为该Python语句的运行结果。

1.3 Python 的开发环境

1.3.1 解释器的安装

要运行Python代码，必须先安装Python解释器。Python解释器是一个可执行程序，它能够读取Python代码，并将其转换为计算机可以理解的指令。因此，安装Python解释器是使用Python进行编程和运行代码的基础。

安装Python解释器的方式取决于操作系统。访问Python官方网站并下载与自己的操作系统匹配的Python安装程序。下载页面如图1.1所示。

从Python 3.0到3.12，Python 3.x版本一直在不断更新和改进。每个版本都有其特定的发布日期和主

要功能改进。一般来说,在选择Python 3.x的哪个版本时,建议考虑以下几点:

新特性:如果追求新特性,可以选择最新的版本,如Python 3.12。这样可以获得最新的功能和优化。

稳定性:如果注重稳定性,可以选择使用广泛且稳定的版本,如Python 3.8或Python 3.7。这些版本已经经过了大量测试和实际应用,相对比较稳定。

与库的兼容性:如果需要使用特定的库,可以考虑选择与该库兼容性最好的Python版本。这样可以确保在使用该库时不会遇到问题。

先前的经验:如果已经对Python有了一定的了解和使用经验,可以选择自己熟悉的Python版本。这样可以更好地利用自己的技能和经验。

总之,在选择Python 3.x的版本时,需要根据自己的实际需求和使用情况来综合考虑。对于初学者而言,选择32位的3.8.5版本即可,不需要追求更新的版本。

图1.1 Python官网下载页面

选定好版本后即可开始安装程序,安装程序会启动一个引导过程,下面以Windows版的Python解释器安装为例,如图1.2所示。

图1.2 安装程序启动页

勾选"Add Python 3.8 to PATH"复选框后进行下一步操作,以便可以在任何路径下调用Python解释器和pip命令。安装成功后可以在开始菜单中找到Python 3.8,其中有IDLE、Python 3.8(解释器)和

Python 3.8 Module Docs（文档）等。

在Python解释器中，有IDLE和pip两个重要工具，它们的作用和功能有所不同。

IDLE是Python的集成开发环境（integrated development and learning environment），它提供了一个友好的图形用户界面，用于编写、调试和运行Python代码。IDLE完全使用Python的基本库tkinter编写而成，是一个纯Python的集成开发环境，它适合初学者入门和学习Python编程。在Windows操作系统中，安装Python时会自动安装IDLE。

pip是Python的第三方库安装工具，它可以在当前计算机上安装Python的第三方库。在1.3.3节中会对pip工具做一个简单介绍。

1.3.2　Python 程序的编辑

IDLE是Python自带的一个开发环境，具有两种类型的主窗口：Python Shell窗口和文件编辑窗口，分别用于交互式编程和文件式编程。

视频

交互式和文件式

1. 交互式

交互式是一种编程方式，它允许程序员在编程过程中与计算机进行实时互动。在这种方式下，程序员可以在命令行界面或集成开发环境（IDE）中直接输入代码，并立即查看程序的输出结果或执行效果。

以Windows操作系统为例，可以在"开始"菜单中搜索关键词IDLE，只要计算机上已安装好Python解释器，就会出现IDLE快捷方式，启动后的交互方式如图1.3所示。

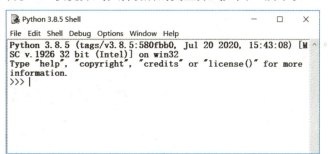

图 1.3　IDLE 中的交互式环境

可以在>>>提示符后面输入程序语句，例如，输入"print("Hello，World")"语句，按【Enter】键，会在下一行输出运行结果，如图1.4所示。

图 1.4　交互式程序运行

由此可以看出，这种编程方式可以帮助用户快速地测试和验证代码，以及调试和优化程序，这也是一种对初学者比较友好的方式。

但是也正是因为这种立即执行的方式，导致交互式方式只适合简短代码的测试，且不方便修改，退出也无法保存代码，不适合实际编程。

通常，本书采用如下方式表示交互式运行：

```
>>> a=10
>>> b=20
>>> print(a+b)
30
```

2. 文件式

文件式是指在IDLE中创建一个新的Python文件，在文件中编写代码，然后保存并运行。这种方式适合于完整的项目开发或较大规模的代码编写。

在IDLE中，选择File→New File命令创建一个新的Python文件，如图1.5所示。此时会打开文件式编辑窗口，如图1.6所示，在新文件中编写代码后，选择File→Save命令将文件保存到指定位置，然后选择Run→Run Module命令或按【F5】键运行代码。

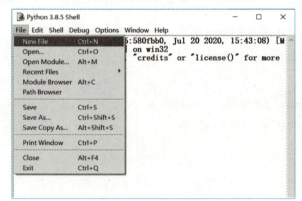

图 1.5 从 IDLE 进入文件方式

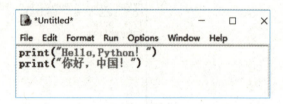

图 1.6 文件方式窗口

在文件式编程中，代码被写入一个或多个文件中，每个文件都有特定的功能和作用，这使得代码的结构更加清晰和易于理解。文件式可以更方便地使用调试器和测试框架进行调试和测试，以便更好地查找和修复错误，提高代码质量。文件式编程相比交互式编程更适合大型项目，可以更好地组织和管理代码，提高代码的可维护性、可测试性和可重用性，但需要更多的学习成本。

通常，本书采用如下方式表示文件式运行。

```
print("Hello,Python! ")
print(" 你好，中国！ ")
```

因此，在实际开发中，为了提高代码的可维护性、可测试性和可重用性，通常会使用文件式编程方式编写程序。但是，在调试代码、快速尝试新的算法和技术等情况下，交互式编程也是一种非常有用的工具。总之，选择哪种编程方式取决于具体的情况和需求。

1.3.3 pip 工具简介

pip 是 Python 的一个包管理工具,用于安装、升级、卸载 Python 包(libraries 或 modules)。

Python 的库有两种,标准库和第三方库,涵盖了许多领域。

本书会涉及的 Python 标准库有 turtle、time 和 random、math 库等,这些标准库不需要安装即可直接在程序中用 import 导入使用。

Python 的第三方库是指在 Python 标准库之外,由其他开发者或组织开发的库。第三方库在使用方面也和标准库一样,需要先进行导入。但是不同的地方在于,标准库是 Python 应用程序内置的,不需要安装下载,而第三方库在使用之前,是需要先安装才能导入。通常情况下,使用 Python 官方推荐的 pip 工具安装第三方库。

视频

三个窗口的区别

使用 pip 工具要注意两点:一是要保证计算机处于联网状态;二是初学者往往分不清楚 Python 的 IDLE 窗口、文件式编程窗口和 Windows 的命令行窗口,使用 pip 工具需要在命令行窗口中进行。在 Windows 操作系统下,命令行窗口的提示符为 ">" 符号,如图 1.7 所示,想查看本台计算机上已安装了哪些第三方库,可以使用 pip list 命令。

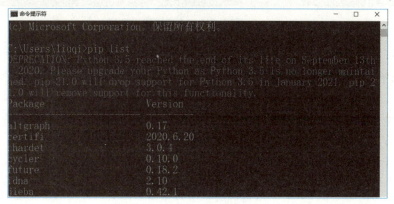

图 1.7 pip 使用窗口

常用的 pip 命令见表 1.1。

表 1.1 常用 pip 命令及使用方法

pip 命令示例	说明
pip list	列出当前已安装的所有模块
pip install packagename[==version]	在线安装某个库的指定版本
pip install packegename.whl	通过 whl 文件离线安装某个库
pip install -upgrade packegename	升级某个库
pip uninstall packegename	卸载某个库

使用 pip 命令安装第三方库的步骤如下:

(1)打开命令提示符窗口(Windows)或终端(Mac 和 Linux)。

(2)输入命令"pip install 库名",其中"库名"是要安装的第三方库的名称。例如,如果要安装名为 requests 的库,应输入 pip install requests。

（3）按【Enter】键执行命令。pip会自动从Python Package Index（PyPI）下载并安装该库及其所有依赖项。

（4）安装完成后，将在命令行中看到一条消息，指示安装已成功完成，如图1.8所示。

pip版本更新

pip版本更新后检查

图1.8 pip 安装第三方库

pip第三方库

注意： 要使用 pip 命令安装第三方库，需要先安装 Python 并配置好 pip 的版本。在图 1.8 中，使用了清华大学提供的 PyPI 镜像服务网址，用于加速 Python 包的下载和安装。

pip 工具可以安装 95% 左右的 Python 第三方库。但是，还是会有一部分第三方库无法使用 pip 工具完成安装，此时就需要用到一些其他安装方法，有兴趣的读者可以参考其他资料。

小结

在本章中，首先概览了程序设计语言的发展，从机器语言到高级语言的演变过程中，看到了编程的便利性和效率不断提升。接着，深入探讨了Python语言的特点和应用领域，其简洁、易读的语法以及广泛的应用领域使得Python成为编程界的明星。最后，介绍了Python开发环境的搭建，包括解释器的安装、程序的编辑以及pip工具的使用，为后续的学习和实践打下了坚实的基础。

习题

一、选择题

1. 下列不属于高级语言特点的是（   ）。
   A. 更接近自然语言，易于理解　　B. 需要编译后才能执行
   C. 具有严格的语法规则　　　　　D. 可以直接被执行，不需要编译

2. Python 语言是由（   ）开发的。
   A. GNU 组织　　　　　　　　　B. Python Software Foundation
   C. Linus Torvalds　　　　　　　D. Bill Gates

3. 下列不是 Python 语言主要应用领域的是（　　）。
   A. Web 开发　　　B. 数据科学　　　C. 游戏开发　　　D. 系统级编程
4. 下列关于解释器和编译器的说法正确的是（　　）。
   A. 解释器将源代码一次性编译为机器码后执行
   B. 编译器将源代码逐行解释为机器码并执行
   C. 解释器将源代码逐行解释为机器码并执行
   D. 编译器不直接执行源代码，而是生成可执行文件供用户执行
5. 在 Python 中，定义一个变量的方法是（　　）。
   A. 使用 # 开头定义
   B. 使用 $ 开头定义
   C. 直接赋值即可，如 x = 5
   D. 使用 var 关键字定义，如 var x = 5
6. 在安装 Python 库时，通常会使用（　　）工具。
   A. pip　　　　　B. conda　　　　C. npm　　　　　D. apt-get

二、简答题

什么是 Python 程序的编辑？请比较文件式编程和交互式编程的不同。

三、编程题

编写 Python 程序，输出"Hello, World!"。

第 2 章
Python 基本语法概述

　　Python 优雅而严谨,以简洁易懂的语法赢得了广大开发者的心。在 Python 的世界中,我们不仅会领略其基本语法的魅力,更会感受到其背后所蕴含的严谨、规范和逻辑之美。学习 Python 的语法,不仅是掌握编程的技能,更是培养一种对规则的尊重和遵守的态度。代码的每一个缩进、注释和续行,都如同社会中的法律和规则,要求我们严谨、敬业。当我们在编程之路上踏出第一步时,让良好的编程习惯成为我们前行的基石,始终坚守对规则的尊重,让代码的逻辑之美在我们的指尖舞动。

本章知识导图

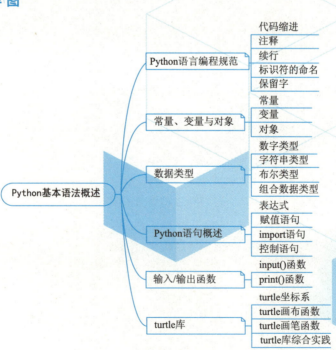

学习目标

➢ 熟悉语法规则
➢ 了解常用的数据类型
➢ 了解语句的各种成分
➢ 掌握输入/输出函数
➢ 熟悉 turtle 库

2.1 Python 语言的编程规范

任何一种计算机语言都对其代码格式和排版有一些要求,其目的是提高代码的可读性,增强其可维护性。Python语言也一样,有其特殊的编程规范和要求。

2.1.1 代码缩进

Python使用缩进表示代码块,这是Python语言的一个特点。Python程序是依靠代码块的缩进体现代码之间的逻辑关系,缩进结束就代表一个代码块的结束,且同一个级别的代码块,其缩进量必须相同。Python中的缩进通常使用4个空格或1个制表符表示,但是在具体使用时,建议不要混用,即如果一直都用4个空格就全部用4个空格,不要在其中穿插制表符,以免导致程序错误。一般建议用4个空格的方式书写代码(也可以用多个空格进行缩进)。

【例2.1】编写程序,根据输入的年份和月份计算出该月的天数。代码如下:

```
year=int(input("请输入年份:"))
month=int(input("请输入月份:"))
if month==2:
    if year%4==0 and year%100!=0 or year%400==0:
        days=29
    else:
        days=28
elif month in [4,6,9,11]:
    days=30
else:
    days=31
print("本月天数是:",days)
```

从例2.1中可以观察到,缩进会自动出现在英文冒号(:)结尾的语句的下一行,表明后续代码是包含在无缩进的哪一行语句中的。缩进是强制的,没有正确的缩进,代码将无法运行。比如例2.1中,第二个 "if year % 4 == 0 and year % 100 != 0 or year % 400 == 0:" 语句是包含在第一个 "if month == 2:" 语句中的,其包含关系就是用缩进表达。读者也可以通过例2.1中的其他语句包含关系,进一步对缩进格式进行理解。

2.1.2 注释

注释是编程语言中的一种文本表示形式,用于在代码中添加说明和解释,注释在程序执行时会被自动忽略,不会被当作代码处理。

在Python中,单行注释以"#"开始,后面是注释的内容;多行注释以三个单引号或者三个双引号作为注释的开头和结尾,示例代码如下:

```
#这是一个单行注释
print("你好,中国!")   # 这是一个单行注释
```

注释可以在一行中任意位置通过"#"开始,其后的本行内容被当作注释,而之前的内容仍然是Python执行程序的一部分。

多行注释可以用三个单引号(''')括起来。示例代码如下:

```
'''
这是一个多行注释
你可以在这里写入多行文本,Python 解释器会忽视它们
'''
print("你好,中国!")
```

多行注释也可以用三个双引号(""")括起来。示例代码如下:

```
"""
这是一个多行注释
你可以在这里写入多行文本,Python 解释器会忽视它们
"""
print("你好,中国!")
```

注释可以帮助程序员更好地理解代码,同时也可以让其他人更容易地阅读和理解代码。好的注释可以提高代码的可读性和可维护性。注释应该保持同步,当代码变更时,相应的注释也应该被更新。这样可以避免注释和代码不一致导致误导其他开发者。在Python中,使用有意义的变量名和函数名也可以减少注释的数量,提高代码的可读性。

2.1.3 续行

续行符可以提高代码的可读性和可维护性。当一行代码过长时,不仅会导致代码难以阅读和修改,还会影响代码的性能。在Python中一般约定单行代码的最大长度为79个字符,如果一条语句长度超过了该限制,就需要使用续行符。使用续行符可以将语句分成多行,使代码更加清晰明了,易于阅读和维护。

在Python中,可以使用反斜杠(\)实现代码的续行。当一行代码太长,需要拆分成多行时,可以在需要拆分的位置添加反斜杠。

(1)交互方式下的续行符"\",示例代码如下:

```
>>> a=1+2+3\
    +4+5+6+\
    7+8+9
```

```
>>> a
45
```

(2)文件方式下的续行符"\",示例代码如下:

```
a=1+2+3+\
  4+5+6+\
  7+8+9
```

另外,还可以使用括号:在需要续行的代码后面添加一个括号,并将代码分成多行。Python会自动将这几行代码当作一行代码来处理,文件方式和交互方式下均可使用。示例代码如下:

```
a=(1+2+3+
  4+5+6+
  7+8+9)
```

我们在使用的过程中,可以根据自己的情况选择续行符。

2.1.4 标识符的命名

标识符是用户编程时使用的名字。对标识符命名是编程语言规则的一部分,它规定了如何为变量、函数、类、模块等编程元素取名字。

在Python中,一般采用字母、数字、下划线,甚至汉字等字符及其组合进行命名,但要注意的是,首字符不能是数字,不允许使用空格和特殊字符(如感叹号、问号、冒号等)。例如,变量名my_variable、函数名_my_function、类名MyClass等。

标识符对大小写敏感,即china和China是两个不同的名字;对标识符命名还需要注意不能与Python的保留字相同。

2.1.5 保留字

Python的保留字是Python语言中具有特殊含义的关键字,用于表示Python语言中的特定语法和语义。表2.1是Python 3.x版本的保留字列表。

表 2.1　Python 3.x 的 35 个保留字

and	as	assert	async	await
break	class	continue	def	del
elif	else	except	False	finally
for	from	global	if	import
in	is	lambda	nonlocal	not
or	pass	raise	return	try
True	while	with	yield	None

Python的保留字共有35个,不能被用户作为变量名或函数名使用,因为它们是Python语言中的关键字。在编写Python代码时,如果使用了保留字作为变量名或函数名,会导致语法错误。因此,建议在命名变量或函数时,避免使用保留字作为标识符。另外,请注意,Python的保留字是区分大小写的,例如,

true可以作为标识符，而True是保留字不能作为标识符。

2.2 常量、变量与对象

2.2.1 常量

所谓常量，一般是指不需要改变也不能改变的字面值，例如，一个数字5、一个字符串"hello!"、一个列表[1,2,3]等。

另外，在Python中，还会出现一类符号常量，一般用大写字母表示，如MAX_VALUE、PI等。但实际上，Python中并没有真正的符号常量，由于Python中没有强制符号常量类型的定义方式，这些所谓的符号常量类型只是程序员约定俗成的表示方式而已，在实际操作中，其本质还是变量。示例代码如下：

```
>>> MAX_VALUE=100
>>> print(MAX_VALUE)
100
>>> MAX_VALUE=200
>>> print(MAX_VALUE)
200
```

从上例中可以看到，尽管MAX_VALUE是全大写的标识符，但其本质还是变量。

2.2.2 变量

与常量相反，变量是其值可以变化的量。在Python中，不需要事先声明变量名及其数据类型，直接赋值即可使用。不仅变量的值可以变化，变量的类型也是可随时发生改变。示例代码如下：

```
>>> x=5
>>> x
5
>>> x="中国"
>>> x
'中国'
```

第一条语句创建了一个整型变量x，并赋值为5；第三条语句给x变量赋值为"中国"，则之前的整型变量x就不复存在了，取而代之的是字符串变量x。

Python中的变量命名需要符合标识符的命名规则，除此之外，还有一些约定俗成的方式，例如，推荐使用驼峰命名法（如myVariableName）或下划线命名法（如my_variable_name）。

2.2.3 对象

Python是一种面向对象的编程语言，这意味着Python中一切皆对象。常量、变量、函数、类、模块、集合等都是对象。每个对象由标识（identity）、类型（type）、值（value）组成。

标识用于唯一标识对象，通常对应于对象在计算机内存中的地址，使用内置函数id(obj)可返回对象的标识。类型表示当前对象所属的数据类型，决定了对象的功能，使用内置函数type(obj)可返回对象所属的类型。值表示对象所存储的具体数据，使用print(obj)可以直接打印出值。这三个属性可以用来全面地描述一个Python对象。

对象的本质是一个内存块，拥有特定的值，支持特定类型的相关操作。从这个角度再来看变量，变量其实是对象的引用，并不直接存储值，而存储的是对象的地址，变量通过地址引用了"对象"。示例代码如下：

```
>>> x=3
>>> id(x)                    # 查看x的引用地址
1985553168
>>> id(3)                    # 查看对象3的地址
1985553168
```

x是整型变量，其值为3 。在本例中，"x=3"语句创建了整数对象3，创建了变量x，创建了变量x对整数对象3的引用。如图2.1所示，对象3存储在堆内存中，变量x存储在栈内存中，变量x引用对象3是指变量x存储了对象3的内存地址，而不是对象3的值。但变量在进行运算和输出的过程中，自动使用其所引用对象的值。这也就是为什么当我们用id()函数查看地址时，会发现id(x)和id(3)相等的原因。特别说明一下：对象在当前计算机的存储单元地址是动态变化，每台计算机同一对象地址可以不相同，甚至同一台计算机每次重新启动后其对象地址也是不同的。上例中的1985553168仅代表作者运行该段代码时的存储单元地址。

如图2.1所示，左边是栈内存，右边是堆内存，中间线是为了区分这两个不同的内存，箭头表示了变量x引用对象3。

图2.1 变量引用对象

一个变量一旦引用了一个对象，变量就是对象，所以变量本身也会跟随其引用的对象类型，这也就是为什么在Python中，其变量的数据类型可以随意变换的原因。示例代码如下：

```
>>> x=3
>>> type(x)
<class 'int'>
>>> x="中国"
>>> type(x)
<class 'str'>
```

int表示整数类型，str表示字符串类型，那么在理解以上关于变量和对象的相关知识的情况下，读者可以自己分析一下如下例子：

```
>>> x=3
>>> y=3
>>> id(x)
1985553168
>>> id(y)
1985553168
```

可以自己试着画一下变量引用对象图。

变量引用

在Python中，对象可以分为可变对象和不可变对象。

（1）不可变对象是指该对象所指向的内存中的值不能被改变。当改变某个变量时，由于其所指的值不能被改变，因此会开辟一个新的地址，变量再指向这个新的地址。在Python中，数值类型（int和float）、字符串（str）和元组（tuple）都是不可变对象。示例代码如下：

```
>>> x=3
>>> id(x)
1985553168
>>> id(3)
1985553168
>>> x=x+1
>>> id(x)
1985553200
>>> id(3)
1985553168
>>> id(4)
1985553200
```

视频
整数变量引用

x先指向3，此时变量x和对象3的地址都是1985553168，当x被重新赋值后，其指向对象4，所以地址和对象4相同，且解除了与对象3的引用关系，而不是在对象3所占的地址内，对对象3做重写4操作。读者可以自己试着画一下以上程序段的变量引用图。

（2）可变对象是指该对象所指向的内存中的值可以被改变。变量（准确地说是引用）改变后，实际上是其所指的值发生改变，并没有发生复制行为，也没有开辟出新地址，通俗地说就是原地改变。在Python中，列表（list）、字典（dict）和集合（set）是可变对象。示例代码如下：

```
>>> x=[1,2,3]            #x为列表
>>> id(x)                # 查看x的引用地址
3063083889992
>>> x.append(4)          # 给x增加元素4
>>> x
[1, 2, 3, 4]             # 此时x值发生变化
>>> id(x)                #x的引用地址没变
3063083889992
```

视频
列表变量引用

列表x增加元素4后，其地址引用没有发生改变。

可变对象和不可变对象其值都能够被引用，就是都可以做"读"操作。但是"写"操作只能对可变对象进行。

2.3 数据类型

Python中的数据类型有很多，常用的有6种标准数据类型：数字、字符串、列表、元组、集合和字典。本节只进行简单介绍，详细介绍会在后面章节中进行。

2.3.1 数字类型

数字数据类型用于存储数值。Python 3.x支持整数（int）、浮点数（float）、复数（complex）等对象。

1. 整数

在Python中，整数是没有小数部分的数字。整数可以是正数、负数或零。Python中的整数可以是无限大的，它们的范围只受限于计算机的系统内存，这就意味着它们可以表示任何大小的整数，而不会丧失精度。这使得Python在处理大型数据集时非常有用。

整数可以用二进制、十进制、八进制和十六进制表示，以零+字母的形式显示。

二进制以0b或者0B开头，如0b1010。

十进制数以正常数字方式显示，如100。

八进制数以0o或者0O开头，如0o123或0O123。

十六进制数以0x或者0X开头，如0x3f或者0X3f。

2. 浮点数

浮点数是带小数点的数，用来表示数学中的实数。示例代码如下：

```
>>> 7.89
7.89
>>> x=-7.89
>>> type(x)
<class 'float'>
>>> y=7.89e2
>>> y
789.0
>>> type(y)
<class 'float'>
```

从上例中可以看到，浮点数有两种表示形式。一般形式如上例中的7.89、-7.89；科学计数法表示，如上例中的7.89e2，也可以表示为7.89E2。和整数不同，浮点数只有十进制的表示形式。

3. 复数

Python中的复数由实部和虚部组成，可以使用a+bj或者complex(a,b)表示，其中a和b都是实数，且a称为复数的实部，b称为复数的虚部。示例代码如下：

```
>>> x=5+6j
>>> y=7+8j
>>> x+y
(12+14j)
>>> x*y
(-13+82j)
```

从上例中可以看出，Python支持复数类型及其运算，且形式与数学上的复数一致，可以使用j或J表示复数的虚部。

2.3.2 字符串类型

在Python中，字符串类型数据主要用于处理一些文本类信息，有字符串类型的常量和变量，单个字符也是字符串。使用单引号、双引号、三个单引号，三个双引号作为定界符表示字符串，且不同的定界符之间可以相互嵌套使用。示例代码如下：

```
>>> x="456"
>>> type(x)
<class 'str'>
>>> x='happy'
>>> type(x)
<class 'str'>
>>> x='''He said,"Happy Birthday"'''     # 为了输出双引号，引号嵌套使用
>>> x
'He said,"Happy Birthday"'
```

注意：Python中使用的符号都应当是英文半角符号。

2.3.3 布尔类型

Python支持布尔类型（boolean type）数据，布尔类型数据只有两个值：True和False。布尔类型的特点是占用内存空间小，使用灵活，常用于if语句、循环语句、条件表达式中，进行逻辑判断和条件判断；同时，布尔类型可以与其他数据类型进行转换，如与整数类型（int）进行转换时，True对应1，False对应0。示例代码如下：

```
>>> True and True              # 与运算
True
>>> True and False
False
>>> False and True
False
>>> True or True               # 或运算
True
>>> True or False
True
>>> False or  True
True
>>> not True                   # 非运算
False
>>> not False
True
>>> 3*True                     # 布尔值可以直接参与整数运算
3
>>> 3*False
0
```

上例中，and是逻辑与运算，or是逻辑或运算，not是逻辑非运算

2.3.4 组合数据类型

在Python中，组合数据类型是指可以包含不同类型的元素的数据结构。Python中的组合数据类型主要包括列表（list）、元组（tuple）、字典（dictionary）和集合（set）。

1. 列表

列表是一种有序的元素集合，可以随时添加或删除其中的元素。列表中的元素可以是任何类型，如字符串、整数、浮点数、其他列表等。列表使用"[]"作为定界符，示例代码如下：

```
>>> x=[36,"happy",3.14]
>>> type(x)
<class 'list'>
```

2. 元组

元组与列表类似，是一个有序的元素集合，但元组是不可变对象，一旦创建就不能更改。元组中的元素也可以是任何类型。元组使用"( )"作为定界符，示例代码如下：

```
>>> x=(56,"happy",[3,5,7])
>>> x
(56, 'happy', [3, 5, 7])
>>> type(x)
<class 'tuple'>
```

3. 字典

字典是无序的键值对集合。字典中的元素以键值对的形式存在，用户可以通过键访问其对应的值。字典中的键必须是唯一的。值可以是任何类型，包括列表、元组、字典等。字典使用"{ }"作为定界符。示例代码如下：

```
>>> x={'name':'John','age':18,'hobbies':['fishing','reading']}
>>> x
{'name': 'John', 'hobbies': ['fishing', 'reading'], 'age': 18}
>>> type(x)
<class 'dict'>
```

4. 集合

集合是一个无序的唯一元素集合。集合中的元素都是唯一的，不会重复。集合支持一些数学集合的操作，如并集、交集、差集等。集合中的元素只能是不可变对象。集合也使用"{ }"作为定界符。示例代码如下：

```
>>> x={3.14,4,'abc',(4,6)}
>>> x
{3.14, 4, (4, 6), 'abc'}
>>> type(x)
<class 'set'>
```

2.4 Python 语句概述

谈到Python语句就一定绕不开表达式，表达式和语句的关系是相互依存的。表达式是语句的一部分，它负责计算一个值或执行一个操作。而语句包含表达式，用于执行更复杂的操作。下面简单介绍一下表达式、赋值语句、引入语句和控制流语句。

2.4.1 表达式

在Python中，表达式是一种复合运算的式子，是构成语句的一个代码片段。表达式可以由以下元素组成：

（1）数字：包括整数和浮点数等，如123、456.78等。
（2）变量：用于存储和操作数据的标识符，如x、y等。
（3）运算符：用于执行算术运算、比较运算、逻辑运算等，如+、-、*、/、==、<、>、&&等。
（4）括号：用于分组和优先级调整，如 (1+2)*3等。
（5）字面量：直接表示值的常量，如3、"happy"等。

下面区别一下表达式和语句，示例代码如下：

```
>>> 3*2
6
>>> x=3*2
>>> x
6
```

上例中"3*2"是表达式；"x=3*2"是一条赋值语句，其中"3*2"是构成语句的一个表达式。说明一下，在交互方式下，表达式是可以直接运行得到运算结果的，但是在文件方式下无法直接使用表达式获得运算结果，文件方式下只能使用语句。

表达式可以是任何有效的Python值或操作，如算术运算、比较运算、逻辑运算等。表达式可以用于计算和赋值，以及作为函数和方法的参数。表达式的计算过程会遵循优先级、结合性和运算符规则等语法规则。在Python中，表达式的计算结果一般会被赋值给一个变量或用于其他操作。

2.4.2 赋值语句

赋值语句是一种用于将值赋给变量的程序语句。它使用赋值运算符"="将一个表达式的值赋给一个变量。赋值语句的赋值过程分两步进行：第一步计算赋值运算符右侧的表达式；第二步将计算结果存储到赋值运算符左侧的变量中。其一般形式如下：

```
<变量名>=<表达式>
```

示例代码如下：

```
>>> x=99                    #给变量x赋值为整数值99
>>> y=3.33                  #给变量y赋值为浮点数3.33
>>> z="你好，中国！"         #给变量z赋值为字符串"你好，中国！"
```

在执行这些赋值语句后,变量x、y和z分别被赋予整数值99、浮点数值3.33和字符串"你好,中国!"。这些变量可以在后续的代码中使用,以执行各种操作。

以上为赋值语句的基本形式,下面介绍一些其他形式的赋值。

(1)多重赋值:同时将多个变量的值赋给多个表达式。示例代码如下:

```
>>> x,y,z=3,7.8,"hi"         #多重赋值
>>> x
3
>>> y
7.8
>>> z
'hi'
>>> x,y=y,x                  # 多重赋值,交换x、y的值
>>> x
7.8
>>> y
3
```

(2)增强赋值:使用+=、-=、*=、/=等运算符对变量进行增强赋值。示例代码如下:

```
>>> x,y,z=1,2,3
>>> x+=10                    # 等价于x=x+10
>>> y-=5                     # 等价于y=y-5
>>> z*=2                     # 等价于z=z*2
```

(3)链式赋值:可以将同一个值赋给多个变量。示例代码如下:

```
>>> x=y=z=3                  #链式赋值
>>> x
3
>>> y
3
>>> z
3
```

(4)解构赋值:将一个元组或列表的值解包并赋给多个变量。示例代码如下:

```
>>> x,y=[1,2]                #将列表[1,2]解包,并将1赋给x,2赋给y
>>> x
1
>>> y
2
```

2.4.3 import 语句

在Python默认的安装中仅包含了核心模块,启动Python时也只加载了核心模块,还有一些标准库是启动时没装入内存的,这样做的好处是可以减小程序运行的压力。所以,当用户需要使用标准库和已下载

的第三方库的时候，第一步操作是导入库，导入使用的是import语句。下面介绍三种格式的导入方法。

方法1：import 模块名 [as 别名]

这种格式的导入语句，在使用时需要在模块对象的前面加上模块名作为前缀，必须以"模块名.对象"的方式进行访问。如果模块名字很长的话，可以为导入的模块设置一个别名，使用"别名.对象名"进行访问。示例代码如下：

```
import math                    #导入标准库math
result=math.sqrt(16)           #计算16的平方根
print(result)                  #输出结果

import random as r             #导入标准库random，并设置别名r
x=r.random()                   #获得[0.0,1.0)区间的随机小数
```

上例中使用了两个标准库，math库主要用于数学计算，提供了许多数学函数，如sqrt()是求平方根的函数；random库主要用于生成随机数，其中的random()函数用来生成[0.0,1.0)区间的随机小数。

方法2：from 模块名 import 对象名 [as 别名]

这种格式的导入语句，仅导入明确指定的对象，也可以为导入的对象确定一个别名。此导入方式可以减少查询次数，提高访问速度，同时也可以减少输入量，不需要使用模块名为前缀。示例代码如下：

```
>>> from math import sin             #导入标准库math中的指定对象sin
>>> sin(3.14)
0.0015926529164868282
>>> cos(3.14)                        #math库中的cos对象并没导入，出错
Traceback (most recent call last):
  File "<pyshell#100>", line 1, in <module>
    cos(3.14)
NameError: name 'cos' is not defined
>>> from math import cos as f        #导入cos，并起别名为f
>>> f(3.14)
-0.9999987317275395
```

方法3：from 模块名 import *

是方法2的极端情况，可以一次导入模块中所有对象。一般不推荐使用，一方面，会降低代码的可读性，有时很难区分自定义函数和从模块中导入的函数；另一方面，会导致命名空间的混乱。如果多个模块中有同名的对象，只有最后一个导入的模块中的对象是有效的。示例代码如下：

```
>>> from math import *               #导入math库
>>> gcd(12,24)                       #求最大公约数
12
>>> pi                               #常数π
3.141592653589793
>>> log2(8)                          #计算以2为底的8的对数
3.0
>>> sin(4)                           #求sin 函数值
```

```
-0.7568024953079282
```

这种情况的导入，可以直接省略掉模块名，而直接使用模块内的函数。

2.4.4 控制语句

程序有三大基本结构：顺序结构、选择结构和循环结构。对应这三大结构也产生了相关的一些语句，例如，前面所学的赋值语句，可以对应顺序结构。下面简单介绍两种语句，对应选择结构和循环结构。

1. if语句

if语句是一种选择结构，有单分支、二分支和多分支，其作用是根据判断条件选择程序执行路径。示例代码如下：

```
x=10
if x>5:
    print("x 大于 5")
else:
    print("x 不大于 5")
```

在这个例子中，程序首先会检查x>5条件是否成立。如果成立，程序会执行 print("x 大于 5")语句；否则，程序会执行 print("x 不大于 5")语句。

2. for语句

for语句是一种循环结构，其作用是遍历序列或其他可迭代对象的元素，并对每个元素执行相应操作。示例代码如下：

```
>>> for i in range(10):
        print(i,end=",")

0,1,2,3,4,5,6,7,8,9,
```

在这个例子中，range(10)生成一个包含0~9（包含0，不包含10）的整数序列。然后，for循环遍历这个序列中的每个元素，将其赋值给变量i，然后执行print(i, end=",")代码块。

关于控制语句方面的具体内容，第4章会详细进行介绍。

2.5 输入/输出函数

在Python中，输入/输出语句需要使用到输入/输出函数，input()函数用来接收用户键盘输入，print()函数用来把数据以指定的格式输出到标准控制台或指定的文件对象。

2.5.1 input() 函数

input()函数用于获取用户输入。它将用户的输入作为字符串返回，也就是说用户输入的信息，其数据类型为字符串。input()函数可以包含一些提示性文字，用来提示用户应当输入哪一类信息，其通常使用格式如下：

```
<变量>=input(<提示性文字>)
```

示例代码如下:

```
>>> x=input("请输入数字：")
请输入数字:3.14
>>> x
'3.14'                        #3.14两边有单引号
>>> type(x)
<class 'str'>
```

在这个例子中，执行"x=input("请输入数字：")"语句后，首先屏幕上会打印出"请输入数字:"，然后等待用户输入，用户输入了3.14，"3.14"通过赋值语句赋给了x变量。接下来第二条语句是查看x的值，运行后的结果为'3.14'（两边用单引号引起来），说明'3.14'的数据类型是字符串型。最后一条语句"type(x)"运行后的结果是"<class 'str'>"，意思是x是字符串。

因此，这里提出了一个问题，如果希望用户从键盘上输入的数据能够以数值的方式给x赋值，应当如何处理呢？下面提供一种解决方案，即使用eval()函数。

eval()函数是 Python 中的一个内置函数，它用于执行一个 Python 表达式，并返回该表达式的值。表达式可以是任何有效的 Python 表达式，如算术运算、布尔运算、函数调用等。其通常使用格式如下：

```
<变量>=eval(<字符串>)
```

注意eval()函数的参数类型为字符串，返回的值是字符串内某种表达式的计算结果。示例代码如下：

```
>>> x=eval("3.5+1.7")
>>> x
5.2
>>> type(x)
<class 'float'>
```

由上例可以看出最终给x赋值为浮点型数5.2，即eval()函数会自动计算其字符串内表达式的值，并匹配相应的数据类型。

eval()函数经常和input()函数一起使用，用来获取用户输入的数字，使用方式如下：

```
<变量> = eval(input(<提示性文字>))
```

此时，如果用户输入数字，则由eval()函数负责去掉字符串的引号，直接解析为数字保存在变量中。示例代码如下：

```
>>> x=eval(input("请输入数字："))
请输入数字:789
>>> type(x)
<class 'int'>
>>> x=eval(input("请输入数字:"))
请输入数字:7.89
>>> type(x)
<class 'float'>
```

由上例可知，如果希望输入的数据为数值型，可以联合使用eval()和input()函数。当然eval()函数功能强大的背后，其实也潜藏着安全风险，在实际操作中，eval()函数往往用来执行受信任的用户代码。

2.5.2 print() 函数

内置函数print()用于输出信息，其输出的信息既可以到标准控制台（如显示器、打印机等设备）也可以到指定的文件。使用格式如下：

```
print(value1, value2,…, sep=' ', end='\n', file=sys.stdout, flush=False)
```

参数说明：

（1）value1, value2, …：参数列表，要打印输出的值，可以是多个，用逗号分隔。示例代码如下：

```
>>> a=35
>>> print(a)                    # 参数为变量
35
>>> print("好好学习，报效祖国")    # 参数为字符串常量
好好学习，报效祖国
>>> print(["g","o","o","d"])    # 参数为列表
['g', 'o', 'o', 'd']
>>> print(35.6)                 # 参数为浮点数
35.6
```

以上例子为print()函数中有一个参数的情况，参数既可以是字符串、数据值也可以是变量。当参数为变量时，运行结果是变量的值；当参数为字符串时，运行结果是不带引号的可打印字符；当参数中包含双引号字符串时，如上例中的列表 "["g","o","o","d"]"，其输出结果采用单引号形式 "['g', 'o', 'o', 'd']"；参数为其他数据类型时，直接输出表示。

print()函数可以有多个参数，各参数之间用逗号分隔，其运行输出结果之间用一个空格分隔。示例代码如下：

```
>>> b=10.25
>>> print(b,b+1,b*2,1.25)       # 有四个参数，用逗号分隔
10.25 11.25 20.5 1.25
>>> print("富强","民主","文明")
富强 民主 文明
```

（2）sep=' '：可选参数，指定多个值之间的分隔符字符。如果省略不写，则默认为一个空格。示例代码如下：

```
>>> print("富强","民主","文明",sep="**")
富强**民主**文明
```

上例中，加上 "sep="**""语句后，其运行后输出结果之间由sep指定的分隔符 "**" 进行分隔。

（3）end='\n'：可选参数，指定打印输出后的结束字符。如果省略不写，则默认为一个换行符。示例代码如下：

```
>>> for i in range(3):
```

```
        print(i)

    0
    1
    2
>>> for i in range(3):
        print(i,end='&')

0&1&2&
```

如上例对比可以看出，print()函数运行输出结果时，会默认在最后增加一个换行，如果不希望换行，或者希望在输出结果后增加其他内容，可以使用end参数。

（4）file=sys.stdout：可选参数，指定输出文件对象。如果省略不写，则默认为标准输出，即输出结果到屏幕或者打印机。示例代码如下：

```
>>> with open(r"d:\output.txt","w") as f:
        print("床前明月光",file=f)
```

当执行完以上语句内容后，print()函数的file参数将输出结果"床前明月光"写到一个名为output.txt的文件中，如图2.2所示，将文件output.txt打开，能够看到输出的内容。有关文件的读/写将在第7章详细介绍。

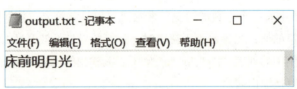

图 2.2 输出到文件

（5）flush=False：可选参数，指定是否刷新输出缓冲区。如果省略不写，则默认为 False。示例代码如下：

```
>>> print("Hi,Mike!",flush=True)
Hi,Mike!
```

这个例子中，使用了 flush=True 参数，确保输出值立即显示在控制台上，一般使用中用默认方式即可。因为这个参数涉及缓冲区的刷新，需要学到更高阶才能了解其具体区别，此处只做简单介绍。

2.6 turtle 库

Python的turtle库是Turtle图形系统的一个实现，它功能强大并且非常灵活，给用户提供了更加方便的图形编程系统。turtle库属于Python标准库，因此在使用它之前一定要使用导入语句import turtle，才能使用它提供的函数和命令，这些函数和命令可以用于绘制各种形状、图案和图形。

在使用turtle库时，可以通过控制一只"海龟"的移动来绘制各种形状和图案，并且可以改变其颜色、粗细等属性。

2.6.1 turtle 坐标系

在Python的turtle库中，主要使用了两种坐标系，即空间坐标系和角度坐标系。

1. 空间坐标系

用来描述海龟在画布上的位置的坐标系。默认状态下，海龟的初始位置为画布的中心，也就是原点(0,0)，如图2.3所示，中心黑色箭头位置，此黑色箭头称为海龟，黑色箭头所指的方向称为海龟头的方向。画布的右方是 *x* 轴的正方向，上方向是 *y* 轴的正方向，海龟头所指方向为 *x* 轴的正方向。在空间坐标系中，海龟爬行的轨迹就形成了图形的绘制，海龟还有飞行模式，其飞行轨迹是无法留下痕迹的。

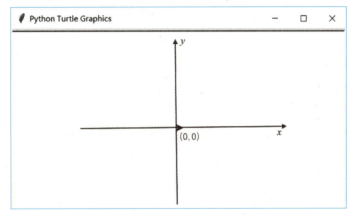

图 2.3　turtle 空间坐标系

2. 角度坐标系

这是用来描述海龟的方向的坐标系。绝对角度坐标系以向右方向水平位置为0°，逆时针方向为正方向。相对角度坐标系与海龟头的初始位置有关，以海龟头当前朝向的左右侧作为相对角度选择，如图2.4所示。

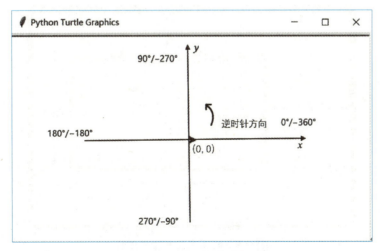

图 2.4　turtle 角度坐标系

2.6.2 turtle 画布函数

turtle中有画布（canvas）和画笔两个工具元素。

画布是turtle模块用于绘图的区域，在该画布上有一个坐标轴，坐标原点在画布的中心，turtle模块中的x轴正方向指向右侧，y轴正方向指向上方。坐标原点位于画布的中心。画布主要使用如下两个函数：

1. screensize()函数

设置画布的大小和背景颜色，其格式如下：

```
turtle.screensize(width,height,bgcolor)
```

其中：

width参数：设置画布的宽度。

height参数：设置画布的高度。

bgcolor：设置背景颜色，其值为表示颜色的字符串或者RGB数值。

当宽度或者高度为整数时表示像素；为小数时，表示占据计算机屏幕的比例。当高度或者宽度超过窗口大小时，会出现滚动条。若不设置值，默认参数为（400,300,None）。

2. setup()函数

设置画布的大小和位置，其格式如下：

```
turtle.setup(width, height, startx, starty)
```

其中：

width，height：输入宽和高。为整数时，表示像素；为小数时，表示占据计算机屏幕的比例。

(startx，starty)：这一坐标表示矩形窗口左上角顶点的位置。如果为空，则窗口位于屏幕中心，如图2.5所示。

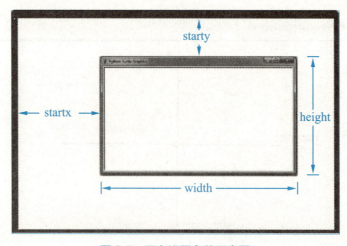

图2.5 画布设置参数示意图

2.6.3 turtle 画笔函数

画笔函数主要分为：画笔的状态函数和画笔运动函数。

1. 画笔状态函数

画笔状态函数主要是指设置使用画笔时的颜色、画线的宽度、移动速度、爬行模式还是飞行模式等的函数，见表2.2。

表2.2 画笔状态函数表

函 数	描 述
pendown()	放下画笔，海龟处于爬行模式，移动画笔将绘制图形，别名 pd()、down()
penup()	提起画笔，海龟处于飞行模式，移动画笔不会绘制图形，别名 pu()、up()
pensize(width)	设置画笔粗细，width 数值越大越粗。别名 width()
pencolor()	设置画笔颜色，有一个参数或无参数，当无参数输入时，返回当前画笔颜色
color()	设置画笔和背景颜色，有两个参数
begin_fill()	设置颜色填充区域的开始。在开始绘制拟填充颜色的图形前调用
end_fill()	与 begin_fill() 配对使用，在完成了拟填充颜色的图形的绘制后使用。使用后该绘制图形完成颜色的填充
filling()	返回填充状态，True 为填充，False 为未填充
clear()	清空当前窗口的所有绘制过的内容，但不改变当前画笔的位置和角度
reset()	清空当前窗口，并重置位置等状态为默认值
hideturtle()	隐藏画笔的 turtle 形状
showturtle()	显示画笔的 turtle 形状
isvisible()	如果 turtle 画笔形状可见，则返回 True，否则返回 False
write(str, font=None)	根据设置的字体形式，显示字符串

以上是常用的一些画笔状态函数，其中pencolor()函数和color()函数的参数使用中会有两种不同的参数方式：

1）colorstring参数

格式：pencolor(colorstring)或者color(colorstring,colorstring)

colorstring：表示颜色字符串，如"red"、"blue"、"yellow"。

【例2.2】绘制红边正方形。

程序分析：首先需要导入turtle库；在画图前需要设置画笔的颜色和粗细，可以使用turtle.pensize()函数和turtle.pencolor()函数；接下来绘制正方形，使用一个for循环绘制正方形。可以设在每次循环中，海龟向前移动100个单位（使用turtle.forward()函数），然后向右转90°（使用turtle.right()函数）。这个过程重复四次，正好绘制一个正方形的四条边。最后，使用turtle.done()函数结束程序，该函数的作用是保持绘制的图形在屏幕上显示，直到用户手动关闭窗口。

示例代码如下：

```
import turtle
turtle.pensize(20)            # 设置画笔线条宽度为20
turtle.pencolor("red")        # 设置画笔颜色为红色
```

```
# 让海龟画一个正方形
for i in range(4):
    turtle.forward(100)          # 向前移动100
    turtle.right(90)             # 向右转90°
turtle.done()                    # 结束
```

运行结果如图2.6所示。

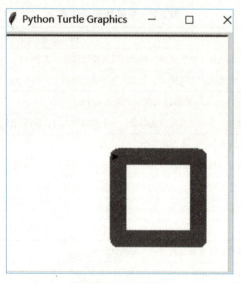

图 2.6　红边正方形

在例2.2中，pencolor("red")参数用的是颜色字符串"red"。从图2.6可以看到，虽然绘图结束，但是在正方形左上角还有一个"箭头"，这个"箭头"就是海龟，如果希望隐藏海龟，可以在turtle.done()语句前面使用hideturtle()函数。

2）(r,g,b)参数

格式：pencolor((r,g,b))或者color((r,g,b),(r,g,b))

在Python的turtle模块中，颜色是通过RGB（红绿蓝）色彩模式指定的。(r,g,b)色彩参数通过组合不同比例的红、绿、蓝三种基本颜色的值产生各种颜色，其色彩覆盖了视力所能感知的所有颜色。(r,g,b)每个参数的取值范围为0~255整数或0~1小数，默认采用小数值。

可以通过turtle.colormode(mode)切换为整数值或者小数值，其中参数mode取值1.0，表示RGB小数值模式；mode取值255，表示RGB整数值模式。

【例2.3】绘制实心正方形。

程序分析：

其基本过程与例2.2相同，但是如何填充成实心正方形？首先，使用turtle.begin_fill()函数标记填充开始。然后使用一个for循环绘制正方形的四条边。在每次循环中，海龟向前移动100个单位（使用turtle.fd()函数），然后向右转90°（使用turtle.right()函数）。这个过程重复四次，正好绘制一个正方形的四条边。最后，使用turtle.end_fill()函数标记填充结束。该函数与begin_fill()函数成对出现，用于定义填充的结束位置。这样，在正方形内部将会填充上指定的颜色。

示例代码如下：

```
import turtle
turtle.pensize(20)                      # 设置画笔线条宽度为20
turtle.color((1,0,0),(0,0,1))           # 设置画笔颜色为红色，填充色为蓝色
# 让海龟画一个正方形
turtle.begin_fill()                     # 填充开始
for i in range(4):
    turtle.fd(100)                      # 向前移动100
    turtle.right(90)                    # 向右转90°
turtle.end_fill()                       # 填充结束，与begin_fill()成对出现
turtle.done()                           # 结束
```

运行结果如图2.7所示。

图2.7　红边蓝底正方形

例2.3中，红色用rgb色彩模式(1,0,0)表示，蓝色用rgb色彩模式(0,0,1)表示，因为用数字表示颜色，所以可以表示出更多种类的色彩。读者也可以尝试一下大数值的rgb色彩模式。

另外，在这个程序中还需要注意的是，为了使填充有效，begin_fill()和end_fill()函数必须成对出现，并且之间的代码应该是绘制一个封闭图形的代码。在这个例子中，通过绘制一个正方形并确保其四条边封闭，实现了有效的填充。

2. 画笔运动函数

画笔运动函数是指控制画笔的行进位置和角度的函数，见表2.3。

表 2.3　画笔运动函数

函　数	描　述
forward(distance)	沿当前画笔方向移动指定距离，distance 参数单位为像素长度，值为负则向反方向移动。别名 fd(distance)
backward(distance)	沿当前画笔方向的反方向移动指定距离，distance 参数单位为像素长度，值为负则向前进方向移动。别名 bk(distance)
right(angle)	在当前角度下顺时针转动 angle 度，是一个相对角度的运动，angle 是角度的整数值。别名 rt(angle)
left(angle)	在当前角度下逆时针转动 angle 度，是一个相对角度的运动，angle 是角度的整数值。别名 lt(angle)
goto(x,y)	将画笔移动到坐标为 (x,y) 的位置
setheading(angle)	设置当前角度为 angle，angle 为绝对方向角度值，是角度的整数值。别名 seth(angle)
circle(radius,extent=None,steps=None)	画半径为 radius 的圆：radius 为正，则圆心在画笔的左边；为负，则圆心在画笔右边 画半径为 radius，角度为 extent 的弧 画半径为 radius 的圆的内切正多边形，边数为 steps
home()	设置当前画笔位置为原点，朝向东
undo()	撤销画笔最后一步动作
speed()	设置画笔绘制速度，参数为 0 ~ 10

在例 2.2 和例 2.3 中，我们发现 turtle.forward(100) 语句也可以写成 turtle.fd(100)，这就是别名的使用，表 2.2 和表 2.3 中函数的别名通常都比正式名要短得多，例如，pendown() 可以直接使用 pd()，是一样的使用效果。

2.6.4　turtle 库综合实践

【例2.4】绘制计算机印花，印花图为红色，如图 2.8 所示。

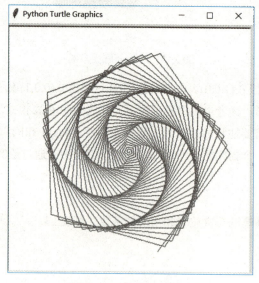

图 2.8　计算机印花图

程序分析：

由图2.8可以发现，该图是由不同半径的同心五边形构成。可以使用一个循环反复执行以下操作：使用fd()函数（即forward的缩写）使海龟向前移动i个单位，其中i是当前循环的索引值，每循环一次其值增大一次；使用right()函数使海龟向右转动一定的角度。

示例代码如下：

```
from turtle import *
pencolor("red")
for i in range(200):              # 循环次数还可以增加或减少
    fd(i)
    right(360/5+1)                # 5表示五边形，1是偏移角度，绘制效果不同
hideturtle()                      # 隐藏海龟箭头
```

例2.4中用循环完成了200条边的绘制，通过设计一个偏移角度，打造出一种计算机绘图的效果，实际运行中还有一个动态绘制过程，此过程可以通过调整speed()函数参数的设置呈现出不同的动态过程，大家可以进一步尝试。

【例2.5】绘制一个劳动勋章——一个圆中嵌套一个五角星，如图2.9所示。

图2.9 劳动勋章图

程序分析：

由图2.9可知，需要绘制一个圆，然后在圆中绘制一个五角星，并且圆的填充色为黄色，五角星的填充色为红色，填充颜色的先后顺序需要注意，后填充的颜色会覆盖先填充的颜色，最后还需要写上红色的字"劳动最光荣"。以上这些内容意味着需要计算圆、五角星和文字的位置，因此需要引入math库。

示例代码如下：

```
import math                       # 引入math库，为计算做准备
import turtle                     # 引入turtle库，为画图做准备
turtle.colormode(255)             # 切换颜色模式为整数参数
t1=turtle.Turtle()
```

```python
t2=turtle.Turtle()              #创建两个对象，t1用来画圆，t2用来画五角星
r=100                           #半径为100
t1.color((217,217,25),(217,217,25))  #前面一个参数是画笔颜色，后一个参数为填充色
t1.penup()                      #t1进入飞行模式
t1.goto(0,200)                  #t1飞行到指定坐标，没在画布上留下轨迹
t1.pendown()                    #t1回到爬行模式，此时可以开始绘制图形
t1.begin_fill()
t1.circle(r*(-1)-10)            # 参数为-110，则逆时针方向绘制圆
t1.end_fill()
t1.hideturtle()
t2.color("red","red")           # 设置t2的画笔颜色和填充色
t2.penup()
t2.goto(r*(-1)*math.cos(math.pi/10),r*math.sin(math.sin(math.pi/10))+r)
t2.pendown()
t2.begin_fill()
for i in range(0,5):            # 开始绘制五角星
    t2.forward(100*math.cos(math.pi/10)*2)
    t2.right(144)
t2.end_fill()
t2.penup()
t2.goto(-60,-80)
t2.pendown()
t2.write("劳动最光荣",font=("宋体",18,"bold"))    #在画布上添加文字信息
t2.hideturtle()
turtle.done()
```

上例中其实创建了两个海龟，一个负责绘制五角星，一个负责绘制圆，我们可以从中借鉴，更灵活地掌握turtle库的操作。另外，这个例子中也打开了另外一个标准库math库，有兴趣的同学可以查看本书第10章的math库相关内容。

小结

经过本章的深入学习，我们已对Python的基本语法体系形成了全面的认识，包括其特有的编程规范、常量与变量的定义、多元化的数据类型以及核心的语句结构。同时，通过实践，我们也领略到了Python中turtle库的独特魅力，以及它在图形绘制方面的出色表现。这些知识不仅为我们后续的编程之路奠定了坚实的基础，更让我们对Python的应用前景充满期待。在学习过程中，我们也逐步认识到规则的重要性，代码的规范性和可读性对于程序的质量和程序员的职业素养有着不可忽视的影响。未来，我们将继续坚守规则，用实际行动践行社会主义核心价值观，让Python在数据处理、科学计算、人工智能等领域发挥更大的作用，为社会的和谐与进步贡献我们的智慧和力量。

习题

一、选择题

1. Python 中的注释使用（　　）符号。
   A. #   B. //   C. /* */   D. --
2. Python 中的正确缩进是（　　）。
   A. 使用空格缩进   B. 使用 Tab 缩进
   C. 空格和 Tab 混合缩进   D. 缩进不重要
3. 在 Python 中，定义一个常量的方法是（　　）。
   A. 使用 const 关键字   B. 使用全大写字母表示
   C. 使用 #define   D. Python 没有常量
4. 下列属于 Python 字符串类型的是（　　）。
   A. 'hello'   B. "hello"   C. '''hello'''   D. 以上都是
5. 使用 input() 函数获取用户输入后，返回的数据类型是（　　）。
   A. 数值型   B. 字符串型   C. 列表型   D. 字典型
6. Python 中的赋值语句使用（　　）符号。
   A. =   B. :=   C. ==   D. !=
7. 使用 turtle 库，绘制一个半径为 100 的圆的方法是（　　）。
   A. 使用 circle(100) 方法   B. 使用 forward(200) 和 left(90) 方法组合
   C. 使用 goto(100,0) 方法   D. 使用 right(360) 方法
8. 下列 Python 标识符合法的是（　　）。
   A. 3variable   B. variable-3   C. for   D. _variable3
9. Python 中的列表使用（　　）符号表示。
   A. []   B. {}   C. ()   D. <>
10. 使用 type() 函数查看一个整数的类型，会返回（　　）。
    A. int   B. float   C. str   D. list

二、简答题

Python 中的标识符命名有一定的规则，请解释为什么以下标识符命名是不合法的：2nd_variable、_private_var!、for。

三、编程题

1. 编写程序，使用户输入一个数字，然后输出这个数字的类型和地址。
2. 使用 turtle 库，编写绘制五角星的程序。

第 3 章 Python 基本数据类型

在 Python 中，数据是程序的基础，基本数据类型则是这块基石的组成部分。它们像社会中的人，各有特点和作用。整数、浮点数和复数有不同职责，字符串就像人们日常传递的信息，需要得到正确的编码、解读和处理。掌握这些数据类型可提高编程技能，并培养尊重社会多样性和个体差异的态度。每种数据类型都有其独特性和用途，像社会中每个人都有其特点。理解和尊重这些差异，能更有效地利用它们，构建出更好的程序。

本章知识导图

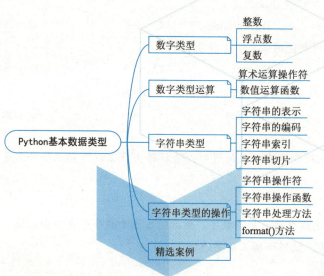

学习目标

- 熟练掌握数字类型的概念及使用
- 熟练掌握字符串类型的概念及使用

3.1 数字类型

在Python中，内置的数字类型有整数、浮点数和复数，分别对应了数学中的整数、实数和复数。

3.1.1 整数

在Python中，整数类型的数据类型名为int，一般认为整数类型是没有取值范围限制的。整数类型可以用四种进制表示：十进制、二进制、八进制、十六进制。一般情况下默认为十进制，如果需要表达成其他进制，需要在数字前面加上相应的引导符。有关这部分内容已经在第2章中介绍过。

我们需要知道的是，进制本身只是表达形式的不同，就好像一句话可以用中文去说，也可以用英文去说，之所以用不同的进制，只是为了方便用户更好地开发程序。在Python中，不同进制的整数之间是可以直接进行运算和比较的，运算结果默认为十进制。不论外在使用哪种进制，计算机内部都使用相同的方式存储数值。不同进制之间直接运算，示例代码如下：

```
>>> 0xf3+123
366
>>> 0o1167+0b00111110010==0x2f2*2
False
```

在Python中，整数对象是不可变的，这意味着一旦一个整数对象被创建，它的值就不能再改变。由于Python的垃圾回收机制，当一个整数对象没有任何引用指向它时，它将被自动回收并释放内存。

为了提高小整数对象的访问速度和内存利用率，Python会将[-5, 256]之间的整数对象进行缓存，当程序中出现该范围内的整数对象时，Python会直接返回已经存在的对象，而不是创建一个新的对象。这样可以避免重复分配内存，提高程序的性能。因此如果多个变量的值介于该范围内，那么这些变量共用同一个值的内存空间。示例代码如下：

```
>>> x=-6
>>> y=-6
>>> id(x)==id(y)          #-6不在缓存区间，内存中有两个-6，所以地址不同
False
>>> x=-5
>>> y=-5
>>> id(x)==id(y)          #5在缓存区间，内存中只有一个5，x和y引用同一个5
True
>>> x=255                 #255在缓存区间，内存中只有一个255，只有一个地址
>>> y=255
>>> id(x)==id(y)
True
```

对于[-5,256]区间之外的整数，则有两种情况：
（1）同一个程序或交互模式下同一个语句中的同值不同名变量会共用同一个内存空间。示例代码如下：

```
>>> x=y=301               #301不在缓存区间，但是一条语句同时给x、y赋值
```

```
>>> id(x)==id(y)
True
```

（2）不同程序或交互模式下不同语句是不遵守这个约定的。示例代码如下：

```
>>> x=302                #302不在缓存区间，且分成两条语句给x、y赋值
>>> y=302
>>> id(x)==id(y)
False
```

Python以上范围仅适用于交互方式，如果是文件方式，则由于解释器做了一部分的优化，其缓存范围变为[-5,任意整数]

注意：Python的整数缓存机制只适用于小整数对象。对于非常大的整数对象，Python会为它们分配新的内存空间，因此不会受到整数缓存的影响。同时，如果程序中存在大量对象引用，并且不释放这些引用，可能会导致内存泄漏的问题。为了避免这些问题，需要正确使用整数对象，并及时释放不再使用的对象引用。

3.1.2 浮点数

Python中的浮点数是带小数点的数字，用于表示实数，可以是正数、负数或零。浮点数既可以用带小数点的数表示，也可以用科学计数法表示。这些已经在第2章中介绍过，这里不再赘述。

Python语言中的浮点数类型必须带有小数部分，小数部分可以是0，例如，1100是整数、1100.0是浮点数。

Python中的浮点数可以是有限数、无穷大、NaN（非数字）等特殊值，示例代码如下：

```
>>> float("inf")         #无穷大
inf
>>> float("-inf")        #无穷小
-inf
>>> float("nan")         #非数字
nan
```

在Python中，由于浮点数的存储方式和计算机的精度限制，有时会出现浮点数比较不准确的问题。因此，在进行浮点数比较时，建议使用一个小的差值进行比较，而不是直接比较是否相等。示例代码如下：

```
>>> 0.7+0.2
0.8999999999999999       #结果不是0.9
>>> 0.7-0.2
0.49999999999999994      #结果不是0.5
>>> 0.7-0.2==0.5         #直接比较失败
False
```

由于出现了浮点数误差，导致直接比较结果失败，可采用如下方法：

方法1：使用abs()函数，abs()函数用于返回一个数的绝对值。示例代码如下：

```
>>> abs((0.7-0.2)-0.5)<10e-6
True
```

这里使用了abs()函数计算两个浮点数差的绝对值，然后与一个小的差值10e-6进行比较。如果差的绝对值小于这个差值，就认为两个浮点数相等。当然这个差值的选择需要根据具体情况进行调整。如果需要进行更精确的比较，可以选择更小的差值。

方法2：使用round()函数，round()函数用于对浮点数进行四舍五入。示例代码如下：

```
>>> round(1.2345,2)              #四舍五入，保留两位小数
1.23
>>> round(0.7-0.2,3)
0.5
>>> round(0.7-0.2,3)==0.5
True
```

这里先使用round()函数对浮点数进行四舍五入，然后进行浮点数的比较。

当然关于浮点数比较问题的解决还有一些其他办法，比如使用decimal库等，无论使用哪种方法都需要结合实际情况考虑需要比较的精度，处理掉不确定尾数对比较的干扰。

3.1.3 复数

Python支持复数类型及运算，且形式与数学上的复数完全一致。数学中复数的虚数单位j在Python中用J或j表示。Python中将复数看作二元有序实数对(a,b)，表示为a+bj的形式，其中，a是实数部分，b是虚数部分。特别需要注意的是，当b为1时，1是不能省略的，其正确表达应当是1j，主要原因是，如果直接用j，则j会被Python识别为一个变量而不是复数。示例代码如下：

```
>>> x=2+3j
>>> type(x)
<class 'complex'>
>>> x=2+j                        #应表示为1j
Traceback (most recent call last):
  File "<pyshell#34>", line 1, in <module>
    x=2+j
NameError: name 'j' is not defined
>>> x=2+1j
>>> type(x)
<class 'complex'>
```

由上例可以看出，当x=2+j时，其中的j被识别为一个变量，而该变量没有赋值，所以无法正常执行程序，会出现NameError错误，且提示j变量没有被定义无法使用。

Python中复数的四则运算与实数的四则运算基本相同，包括加法、减法、乘法和除法。

Python中的复数是一种特殊的数值类型，由实部和虚部组成。复数的实部和虚部可以通过"."操作符访问。具体来说，假设有一个复数z = x + yj，其中x是实部，y是虚部，那么可以通过z.real获取实部x的值，通过z.imag获取虚部y的值。示例代码如下：

```
>>> z=3.14e-5+1.23e+15j          #给z赋值
>>> z
```

```
(3.14e-05+1230000000000000j)
>>> z.real                          # 求z的实部
3.14e-05
>>> z.imag                          # 求z的虚部
1230000000000000.0
```

3.2 数字类型运算

对数字类型的学习，是为了构建数学表达式，而表达式的构建需要用到各种运算操作符。连接数值运算的操作符就是算术运算符。

3.2.1 算术运算操作符

在Python中，有7个基本的算术运算操作符，见表3.1。

表 3.1　算术运算操作符

操作符	举例	说明
+	x+y	x与y的和
-	x-y	x与y的差
*	x*y	x与y的积
/	x/y	x除以y的商
//	x//y	x除以y的商的整数
%	x%y	x除以y的余数，常称为模运算
**	x**y	x的y次幂

（1）减法、除法运算与数学上的意义相同，示例代码如下：

```
>>> 1.23-54.6e-2
0.6839999999999999
>>> 1.23/5
0.246
>>> 6/2
3.0
```

注意： 上例中整数6除以整数2的结果是浮点数3.0，即除法运算结果的数据类型为浮点型数据。

（2）运算符"+"除了用于算术加法以外，还可以用于列表、元组、字符串的连接，但不支持不同类型对象之间相加或连接。示例代码如下：

```
>>> 1.23+54.6e-2                    #两个浮点数相加
1.776
>>> [1,2,3]+[4,5,6]                 # 连接两个列表
[1, 2, 3, 4, 5, 6]
>>> (1,2,3)+(4,)                    # 连接两个元组
(1, 2, 3, 4)
```

```
>>> 'abcd'+'1234'                    #连接两个字符串
'abcd1234'
>>> 'A'+1                            #不支持字符与数字相加,出错
Traceback (most recent call last):
  File "<pyshell#54>", line 1, in <module>
    'A'+1
TypeError: Can't convert 'int' object to str implicitly
>>> True+3                           #True 当作 1
4
>>> False+3                          #False 当作 0
3
```

（3）运算符"*"除了用于算术乘法以外，还可以用于列表、元组、字符串等序列类型与整数的乘法，表示序列元素的重复，生成新的序列对象。示例代码如下：

```
>>> 1.23*54.6e-2                     #两个浮点数相乘
0.6715800000000001
>>> True*3                           #True 当作 1
3
>>> False*3                          #False 当作 0
0
>>> [1,2,3]*3                        #列表重复
[1, 2, 3, 1, 2, 3, 1, 2, 3]
>>> (1,2,3)*3                        #元组重复
(1, 2, 3, 1, 2, 3, 1, 2, 3)
>>> "abc"*3                          #字符串重复
'abcabcabc'
```

（4）运算符"/"和"//"在Python中分别表示算术除法和算术求整，示例代码如下：

```
>>> 3/2                              #数学意义上的除法
1.5
>>> 15//4                            # 两个操作数都是整数,结果为整数
3
>>> 15.0//4                          # 两个操作数中有实数,结果为实数
3.0
>>> -15//4                           # 向下取整
-4
```

使用"/"除法运算符时，即使两个操作数都是整数，结果也是浮点数。而使用"//"运算符时，结果的符号总是和被除数保持一致，且值为商的整数部分。

（5）运算符"%"可以用于整数或实数的求余运算，又称求模运算。"%"也可用于字符串格式化，不过不推荐使用此用法做字符串格式化。示例代码如下：

```
>>> 789%23                           #求余数
7
```

```
>>> 123.45%3.2                  # 实数也可以求余，注意精度
1.849999999999996
>>> '%c,%d'%(65,65)             # 把65分别格式化为字符和整数
'A,65'
>>> '%f,%s'%(65,65)             # 把65分别格式化为实数和字符串
'65.000000,65'
```

求模运算是在编程中应用非常广泛的一种运算，对一些周期性规律的场景进行求解往往会使用求模运算，例如，检查一个数是否为另一个数的倍数；循环控制；创建哈希函数；实现某些加密算法等。

（6）运算符**表示幂乘，等价于内置函数pow()。示例代码如下：

```
>>> 3**2                        #3的2次方，等价pow(3,2)
9
>>> pow(3,2,8)                  # 等价于 (3**2)%8
1
>>> 9**0.5                      #9的0.5次方，即9的平方根
3.0
>>> (-9)**0.5                   # 负数的平方根
(1.8369701987210297e-16+3j)
```

以上所讲述的操作符（+、-、*、/、//、%、**）都是二元运算操作符，可以与赋值符号（=）相连，形成增强赋值操作符（+=、-=、*=、/=、//=、%=、**=），有关增强赋值操作在2.4.2节中已介绍了。增强赋值操作符可以简化对同一变量赋值语句的表达，也是Python语言的一种特色，建议大家多多使用。

数值运算可能改变计算结果的数据类型，类型的改变与运算符有关，基本规则如下：

① 整数和浮点数混合运算，输出结果是浮点数。
② 整数之间运算，产生结果类型与操作符相关，例如，除法运算（/）的结果是浮点数。
③ 整数或浮点数与复数运算，输出结果是复数。

3.2.2 数值运算函数

Python解释器自身有一些已经定义好的函数，可以直接在程序中调用而无须自行编写，这种函数称为内置函数。这些函数通常是为了执行一些常见的操作，如数学运算、字符串处理、文件操作等。内置函数可以大大简化编程过程，使程序更简洁、易于编写和理解。数值运算相关的函数见表3.2。

表 3.2 数值运算函数

函 数	说 明
abs(x)	求 x 的绝对值
divmod(x,y)	结果为 (x//y, x%y) 的一个元组
pow(x,y[,z])	结果为 (x**y)%z；当 z 参数省略时，结果为 x**y
round(x[,n])	对 x 四舍五入到 n 位；当 n 参数省略时，求 x 四舍五入的整数值
max($x_1,x_2,\cdots,x_n$)	求 x_1, x_2, …, x_n 的最大值，n 无限制
min($x_1,x_2,\cdots,x_n$)	求 x_1, x_2, …, x_n 的最小值，n 无限制

（1）abs()函数是一个内置函数，用于返回一个数的绝对值，其格式如下：

```
abs(number)
```

参数：number为一个数字，可以是整数、浮点数或复数。

返回值：如果参数是正数或零，则返回该参数本身；如果参数是负数，则返回该参数的相反数。示例代码如下：

```
>>> abs(-5)
5
>>> abs(0)
0
>>> abs(3.33)
3.33
>>> abs(3-4j)
5.0
```

复数以实部和虚部为二维坐标系的横纵坐标，abs()就是求坐标到原点的距离，如上例所示。

（2）divmod() 是 Python 的内置函数，它用于返回一个元组，该元组包含两个元素，除法的商和余数。这个函数接收两个参数，第一个参数是被除数，第二个参数是除数。其格式如下：

```
divmod(dividend, divisor)
```

其中，dividend是被除数，divisor 是除数。执行后的结果将是一个包含两个元素的元组，第一个元素是商，第二个元素是余数。示例代码如下：

```
>>> divmod(105,12)
(8, 9)
>>> x,y=divmod(105,12)
>>> x
8
>>> y
9
```

从上例中可以看到，divmod()函数还可以通过赋值的方式将结果同时反馈给两个变量，即为两个变量同时赋值。

（3）pow()函数，随其参数个数的不同，有不同的计算方式。其格式如下：

```
pow(x,y,z)
```

其中，pow(x,y)函数与x**y相同，用于计算x的y次幂；pow(x,y,z)是用于计算x的y次幂的结果对z求模，因为模运算与幂运算是同时进行的，所以运算速度会比直接做计算x的y次幂的结果对z求模速度快得多。示例代码如下：

```
>>> pow(8,9)
134217728
>>> pow(0xf,0b10)
225
```

```
>>> pow(34,1999998,10000)        # 求 34 的 1999998 次方的后四位
6496
>>> 34**1999998%10000            # 对比上一条语句执行速度
6496
```

（4）round()函数用于对浮点数进行四舍五入。这个函数接收两个参数，要四舍五入的数字以及小数点后要保留的位数。格式如下：

```
round(number, ndigits)
```

其中，number是round()函数要处理的数字。ndigits是整数值，可选项，指在结果中包含的小数位数。示例代码如下：

```
>>> round(3.14159)
3
>>> round(3.14159,3)
3.142
>>> round(2.5)                   #x.5 形式，x 为 2，偶数，不进位
2
>>> round(1.5)                   #x.5 形式，x 为 1，奇数，进位
2
>>> round(0.500001)
1
```

从上例中，发现round()函数的四舍五入操作与我们熟知的情况并不完全相同。对于x.5的形式而言，当x为偶数时，x.5并不进位；当x为奇数时，x.5才进位。其原因是从"平等价值"角度来考虑的，将所有x.5情况分为两类，采用"奇进偶不进"的原则进行运算。但对于x.500001的情况，因为打破了平衡，所以按照进位处理。

（5）max()与min()函数：找出任意多个数字的最大值和最小值，并输出结果。示例代码如下：

```
>>> max(34,56,2,12,100,0b1010,0xff)
255
>>> min([1,3,5,9])
1
>>> max("apple","banana","pear")
'pear'
```

其中，字符串比较大小是按照Unicode编码值大小进行的。Unicode编码会在3.3.2小节有详细介绍。

3.3 字符串类型

3.3.1 字符串的表示

1. 字符串定界符

在Python中，只有字符串类型的常量和变量，所以单个字符也是字符串。字符串用单引号、双引号和三单引号、三双引号作为定界符，且不同的定界符可以互相嵌套使用。

2. 转义字符

某些字符在Python中具有特殊含义，如引号、换行符等，直接使用它们可能导致语法错误或产生预期之外的结果，所以Python提供了转义字符，允许在字符串中正确表示和使用这些特殊字符，以确保代码的正确性和可读性。

Python中的转义字符是以反斜杠"\"开头的特殊字符，用于表示特殊含义或特殊字符。以下是一些常见的Python转义字符：

\n：换行符，表示新的一行开始。

\t：制表符，表示一个制表位。

\r：回车符，表示将输出移到新的一行。

\\：反斜杠符，表示一个反斜杠字符。

\'：单引号，表示一个单引号字符。

\"：双引号，表示一个双引号字符。

使用转义字符可以在字符串中直接输入特殊字符或表示特殊含义。示例代码如下：

```
>>> print("Never\ngive up")
Never
give up
>>> print("我是反斜杠，我的符号表示是 \\")
我是反斜杠，我的符号表示是 \
>>> print("Never\tgive up")
Never    give up
```

在有些场合，比如说打开文件的操作，会使用到文件路径，文件路径中都是用反斜杠"\"表达路径的层次，此时希望"\"表示的是自己本来的含义，而不是转义字符的引导符，会在字符串前面加上字母r或R表示保持原始字符串，这样其中的所有字符都表示原始含义而不会进行任何转义。这种使用方式除了用于文件路径之外、URL和正则表达式等场合也常常会使用。示例代码如下：

```
>>> path='c:\windows\notepad.exe'
>>> print(path)                    #\n被转义为换行符
c:\windows
otepad.exe
>>> path=r'c:\windows\notepad.exe'  #保持原始字符串，不允许转义
>>> print(path)
c:\windows\notepad.exe
```

当然反斜杠（\）还有一个作用就是：续行，这一点在2.1.3节已经介绍了，此处不再赘述。

3.3.2 字符串的编码

Python 3.x中的字符串默认是Unicode编码，Unicode是一种能够表示世界上几乎所有书写语言的字符编码标准，这意味着可以在Python字符串中使用各种语言的字符，而无须担心编码问题。示例代码如下：

```
>>> '3-1=2'+chr(10004)
'3-1=2✔'
>>> chr(9792)
'♀'
>>> '♀的Unicode值是:'+str(ord('♀'))
'♀的Unicode值是:9792'
>>> for i in range(10):
        print(chr(9792+i),end="")
♀♁♂♃♄♅♆♇∀∁
```

此例中，chr()和ord()函数是字符串处理函数，主要完成Unicode编码值与其对应的单字符的相互转换，3.4.2节中将具体介绍。

字符串的运算和Unicode编码之间存在密切的关系。

Unicode为每个字符分配唯一的数字编码。这意味着，无论使用哪种语言或字符集，Unicode都可以确保每个字符有唯一的表示。因此，字符串的运算，如连接、比较、搜索等，实际上是在底层使用Unicode编码值进行的。如3.2.2节中max()和min()函数对字符串的比较，其本质是Unicode编码值大小的比较。

3.3.3 字符串索引

在Python中，字符串是一种有序的数据类型，每个字符都有一个对应的索引。字符串有两种序号体系：正向递增序号和反向递减序号。以正向递增序号为例，字符串的索引从0开始，第一个字符的索引是0，第二个字符的索引是1，依此类推。通过索引，可以访问字符串中的特定字符，如图3.1所示。

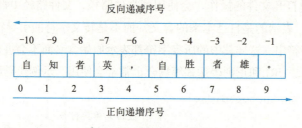

图 3.1　字符串序号体系

由图3.1可知，如果字符串长度为L，正向递增序号的最左侧字符序号为0，向右依次递增，直到序号为$L-1$结束；反向递减序号最右侧字符序号为-1，向左依次递减，直到序号为$-L$结束。这两种索引字符的方法是可以同时使用的。字符串索引的使用格式如下：

<字符串或字符串变量>[序号]

示例代码如下：

```
>>> '自知者英,自胜者雄。'[-1]
'。'
>>> x='自知者英,自胜者雄。'
>>> x[1]
```

'知'
>>> x[-9]
'知'

注意：尝试访问超出字符串长度的索引会导致 IndexError 异常，即会出现出错提示。

3.3.4 字符串切片

在Python中，字符串切片是一种操作字符串的方法，它允许用户提取字符串的子串。其格式如下：

<字符串或字符串变量>[N:M:K]

其中，切片操作使用冒号（:）分隔三个参数：起始索引N、切片结束索引M和步长K。

注意：

（1）切片操作是左闭右开的，即起始索引 N 是包括的，但结束索引 M 是排除的。
（2）如果没有指定结束索引 M，那么切片将到字符串的末尾。
（3）步长 K 默认值为 1，即每次移动一个字符。如果是负数步长，那么切片会从后向前进行。
（4）切片操作不会改变原始字符串，而是创建一个新的字符串。

示例代码如下：

```
>>> '国家富强，人民幸福！'[8:4]      #起始索引大于结束索引，且步长为1，结果为空串''
>>> '国家富强，人民幸福！'[:4]       # 起始索引省略，默认值为 0
'国家富强'
>>> '国家富强，人民幸福！'[5:]       # 结束索引省略，默认取到最后一个字符
'人民幸福！'
>>> x="〇一二三四五六七八九十"
>>> x[1:8:2]                          # 起始索引 1 到结束索引 8，步长为 2
'一三五七'
>>> x[::-1]                           # 逆序操作
'十九八七六五四三二一〇'
```

可以发现，逆向输出可以用字符串的切片直接完成。

3.4 字符串类型的操作

3.4.1 字符串操作符

在Python中，字符串操作符主要用于字符串的连接、重复和其他操作。基本的三个字符串操作符见表3.3。

表 3.3 字符串操作符

操作表达式	说明
a+b	连接两个字符串 a 与 b
a*n 或 n*a	复制 n 次字符串 a
a in s	如果 a 是 s 的子串，返回 True；否则返回 False

示例代码如下:

```
>>> x="拥抱"+"人工智能时代"
>>> x
'拥抱人工智能时代'
>>> "人工智能"*2
'人工智能人工智能'
>>> '智能' in x
True
>>> '我们' in x
False
```

3.4.2 字符串操作函数

Python提供了许多字符串操作函数,用于更复杂的字符串操作,常用的字符串操作函数见表3.4。

表 3.4 常用的字符串操作函数

函 数	说 明
len(x)	返回字符串 x 的长度,或者组合数据类型元素个数
str(x)	返回 x 所对应的字符串形式,x 是任意类型数据
chr(x)	返回整数 x 所对应的 Unicode 字符
ord(x)	返回单字符 x 所对应的 Unicode 编码值
int(x)	返回 x 所对应的整数形式,x 是浮点数或字符串
float(x)	返回 x 所对应的浮点数形式,x 是整数或字符串

示例代码如下:

```
>>> len('科技崛起,国运昌盛')
9
>>> str("China")
'China'
>>> str(78)
'78'
>>> str([1,2,3])
'[1, 2, 3]'
>>> chr(10010)
'✚'
>>> ord("&")
38
```

由以上代码可知,chr()函数与ord()函数是一对互为逆运算的函数,用来在字符和其对应的Unicode编码值之间进行转换;str()函数的参数是任意的数据类型,但前提是系统能识别的任意数据类型;len()函数求长度时,汉字、英文字母和标点符号等都作为一个长度单位处理。

有如下示例代码:

```
>>> int(567.567)
```

```
567
>>> int("567.567")
Traceback (most recent call last):
  File "<pyshell#164>", line 1, in <module>
    int("567.567")
ValueError: invalid literal for int() with base 10: '567.567'
>>> float(567)
567.0
>>> float("567.567")
567.567
```

由以上代码可知,int()函数和float()函数转换字符串数据时,只能转换系统能正确识别的字符串数据,并不是所有字符串都可以转换。

3.4.3 字符串处理方法

在Python程序设计中,"方法"是一个与特定对象关联的函数。它是面向对象编程的核心概念之一,允许在特定类型的对象上定义和调用函数。

方法也是一个函数,只是调用方式不同。函数采用func(a)方式调用,而方法则采用<x>.func(a)形式调用。方法仅作用于前导对象<x>。

Python提供了大量方法用于字符串的检测、替换和排版等操作,使用时需要注意的是,字符串对象是不可变对象,所以字符串操作中但凡涉及"修改"的方法,其本质是产生了一个新的修改后的字符串,不会对原字符串做任何修改。

常用的字符串处理方法见表3.5。

表 3.5 常用的字符串处理方法

方 法 名	说 明
str.upper()	返回一个全部字符大写的新字符串
str.lower()	返回一个全部字符小写的新字符串
str.find(sub)	返回 sub 子串在 str 中首次出现的索引值,如不存在,则返回 -1
str.strip(chars)	移除字符串 str 头尾中的 chars 字符
str.split(sep)	返回一个列表,列表中的元素由 str 根据 sep 切片构成
str.replace(old,new)	返回一个新字符串,其中所有 old 子串被 new 替换
str.count(sub)	返回 str 中 sub 子串出现的次数
str.center(width,fillchar)	str 字符串居中对齐,两边用 fillchar 填充
str.join(seq)	以 str 进行分隔,将 seq 中所有元素合并为一个新字符串

(1)str.upper()和str.lower()是一对方法,用于实现字符串str中全部字符的大写或者小写转换。示例代码如下:

```
>>>x="Believe in yourself."
>>>x.upper()
```

```
'BELIEVE IN YOURSELF.'
>>> x.lower()
'believe in yourself.'
>>> x
'Believe in yourself.'
```

由上例可知，这两个方法只是产生新的符合函数要求的字符串，变量x中还是原来的字符串。

（2）str.find()方法是可以指定查找范围的。其具体格式如下：

str.find(sub[, start[, end]])

说明：

① sub：必选参数，代表要查找的子字符串。

② start 和 end：这两个参数是可选的，是字符串中的正向递增序号和反向递减序号，用于指定查找的范围。start 代表查找的起始位置，end 代表查找的结束位置。注意，这里的范围是左闭右开的，即包括 start 索引位置但不包括 end 索引位置。如果不指定这两个参数，查找范围默认为整个字符串。

示例代码如下：

```
>>> x="Break barriers, build bridges."
>>> x.find("build")                # 返回第一次出现的位置
16
>>> x.find("d",7)                  # 从指定位置7开始查找
20
>>> x.find("b",6,19)               # 从指定下标范围6至19中查找第一个符合要求的
6
>>> x.find("break",6,19)           # 指定字符串不存在，返回-1值
-1
```

str.find(x) 方法是区分大小写的，这意味着它会将 "Break" 和 "break" 当作不同的字符串处理；str.find(x) 方法返回的是子字符串在主字符串中首次出现的位置，如果希望找到所有出现的位置，需要使用循环或其他方法。

（3）str.strip(chars)方法，从字符串str中去掉在其头尾chars中列出的字符。chars是一个字符串，可以有一个或多个字符，其中出现的每个字符如果在头尾部的话都会被去掉。示例代码如下：

```
>>> x="    ----中国人正走向世界舞台的中央----    "
>>> x.strip(" ")                   # 去掉x的头尾空格
'----中国人正走向世界舞台的中央----'
>>> x.strip("-")                   # 去掉x中的"-"，但因为"-"不在头尾部，返回原始字符串
'    ----中国人正走向世界舞台的中央----    '
>>> x.strip(" -")                  # 去掉x的头尾空格和"-"
'中国人正走向世界舞台的中央'
```

（4）str.split(sep) 能够根据sep分割字符串str，分割后的内容以列表类型返回。可以用于对要处理的大文本做初步数据处理。示例代码如下：

```
>>> x="Bold actions breed bright futures."
>>> x.split()                              # 默认以空格切割
['Bold', 'actions', 'breed', 'bright', 'futures.']
>>> x.split("b")                           # 用字符 b 切割
['Bold actions ', 'reed ', 'right futures.']
>>> x.split("br")                          # 用字符 br 切割
['Bold actions ', 'eed ', 'ight futures.']
```

str.split()若不指定分隔符,则字符串中的任何空白符号(包括空格、换行符、制表符等)的连续出现都将被认为是分隔符。示例代码如下:

```
>>> x="   Bold    \n\n actions \t\tbreed     bright futures."
>>> x.split()
['Bold', 'actions', 'breed', 'bright', 'futures.']
```

上例中"\n"是换行符,"\t"是制表符,在默认方式下都被认为是分隔符。

(5) str.replace()方法的格式如下:

```
str.replace(old, new[, count])
```

说明:

① str:要进行替换的原始字符串。

② old:要替换的子字符串。

③ new:用于替换 old 子字符串的新子字符串。

④ count:一个可选参数,指定最大替换次数。如果指定了该参数,replace() 方法将在达到最大替换次数后停止替换。

示例代码如下:

```
>>> x="Be brave, be bold, be beautiful."
>>> x.replace("be","is")                  # 所有的 be 都被替换
'Be brave, is bold, is isautiful.'
>>> x.replace("be","is",1)                # 只替换第一次出现的 1 个 be
'Be brave, is bold, be beautiful.'
>>> x.replace("be","is",2)                # 替换依次出现的 2 个 be
'Be brave, is bold, is beautiful.'
>>> x.replace("Bold","happy")             # 无法替换,不会出现出错提示
'Be brave, be bold, be beautiful.'
```

由上例可知,replace() 方法不会更改原始字符串,而是返回一个新的字符串;replace() 方法是大小写敏感的;如果指定的 old 子字符串在原始字符串中不存在,replace() 方法将返回原始字符串的副本,不做任何更改;count 参数可以用来限制替换的次数。

(6) str.count()方法的格式如下:

```
str.count(sub[, start[, end]])
```

说明：

① str：要计算子字符串出现次数的原始字符串。

② sub：要计算出现次数的子字符串。

③ start 和 end：可选参数，用于指定计算的起始和结束位置。默认情况下，start 为 0，end 为字符串的长度。

示例代码如下：

```
>>> x="Knowledge is key, kindness unlocks double doors."
>>> x.count("s")
5
>>> x.count("ss")
1
>>> x.count("sss")                          # 不存在时返回 0
0
>>> x.count("s",12)
4
>>> x.count("s",12,40)
3
```

由上例可知，count() 方法是大小写敏感的；如果指定的 sub 子字符串在原始字符串中不存在，count() 方法将返回 0；通过提供 start 和 end 参数，可以限制计算的范围。该方法还可以用于计算或统计特定元素在列表、集合中出现的次数。

（7）str.center()方法的格式如下：

```
str.center(width[, fillchar])
```

说明：

① str：要居中的原始字符串。

② width：指定新字符串的总宽度。如果原始字符串的长度小于 width，则会在两侧填充字符以达到该宽度；当 width 小于字符串长度时，返回原始字符串。

③ fillchar：一个可选参数，用于指定填充字符，只能是单个字符，默认值为空格。

示例代码如下：

```
>>> "智慧中国".center(15)        #总长度为15,"智慧中国"居中，其余用空格填充
'     智慧中国      '
>>> "智慧中国".center(15,"*")    #总长度为15,"智慧中国"居中，其余用"*"填充
'******智慧中国*****'
>>> "智慧中国".center(2,"*")     #总长度为2,小于"智慧中国"字符串长度4
'智慧中国'
>>> "智慧中国".center(15,"*-")   # fillchar是两个字符，出错
Traceback (most recent call last):
  File "<pyshell#197>", line 1, in <module>
    "智慧中国".center(15,"*-")
```

TypeError: The fill character must be exactly one character long

（8）str.join()方法的格式如下：

str.join(seq)

说明：

① str：用作分隔符的字符串。

② seq：一个序列对象（如字符串、列表、元组等），其元素将被连接成一个字符串。

示例代码如下：

```
>>> " ".join("change")              #给change中增加空格作为分隔
'c h a n g e'
>>> ",".join("change")              # 给 change 中增加逗号作为分隔
'c,h,a,n,g,e'
>>> "*".join([1,2,3,4])             # 列表中元素为 int，无法连接字符串 "*"
Traceback (most recent call last):
  File "<pyshell#30>", line 1, in <module>
    "*".join([1,2,3,4])
TypeError: sequence item 0: expected str instance, int found
>>> "*".join(["1","2","3","4"])     # 列表中元素为 str，连接成功
'1*2*3*4'
```

由上例可知，join() 方法是一个字符串方法，因此调用它的对象通常是一个字符串，该字符串用作分隔符；seq中的元素必须都是字符串，如果seq中包含非字符串元素，必须在调用join()方法之前将其转换为字符串；join() 方法不会更改原始字符串，而是返回一个新的字符串。

使用split()和join()方法可以删除字符串中多余的空白字符，如果有连续多个空白字符，只保留一个。示例代码如下：

```
>>> x="Dream      Action    Success"
>>> "".join(x.split())              # 删除所有空格
'DreamActionSuccess'
>>> " ".join(x.split())             # 整理成一个空格连接单词
'Dream Action Success'
```

split()方法和join()方法可以结合使用，以实现字符串的拆分和重新组合。这种结合使用在处理字符串时非常常见，特别是在需要对字符串进行分割、修改或重新格式化的情况下。

【例3.1】首都单词处理。

问题描述：给定一个包含多个国家首都单词的字符串，对这些首都单词进行处理，并生成一个新的字符串。例如，输入"beijing,london,paris,tokyo,berlin"，输出："Beijing London Paris Tokyo Berlin"。

程序分析：

① 将输入字符串拆分成首都单词的列表。

② 对每个首都单词的首字母进行大写处理。

③ 将处理后的首都单词列表重新组合为一个新的字符串，其中每个单词之间用空格分隔。

④ 输出处理后的新字符串。

程序代码如下：

```python
# 使用国家的首都单词作为示例输入
input_string = "beijing,london,paris,tokyo,berlin"

# 使用split()方法拆分字符串为单词列表
words = input_string.split(",")

# 使用for循环将每个单词的首字母进行大写处理
processed_words = []                              #创建一个空列表
for word in words:
    processed_word = word.capitalize()            #使用capitalize()方法把单词首字母转大写
    processed_words.append(processed_word)        #使用append()给列表添加元素

# 使用join()方法将处理后的单词列表重新组合为一个新的字符串
output_string = " ".join(processed_words)

# 打印结果
print(output_string)
```

例3.1中使用了两个新的方法capitalize()和append()，读者可以试着从程序中自己学习一些新内容。

3.4.4　format()方法

1. format()方法的基本使用

format() 方法是 Python 中的一个字符串格式化方法，它用于将数据格式化为特定的字符串形式。该方法使用占位符指示要插入数据的位置和格式。format()方法的基本格式如下：

```
<模板字符串>.format(<参数>)
```

其中，"模板字符串"由字符串和槽构成，字符串是原样输出，槽对应"参数"，达到设定的显示效果。槽用大括号{}表示，"参数"可以有多个，彼此之间用逗号隔开。示例代码如下：

```
>>> "{}一道同云雨,明月何曾是两乡".format("青山")
'青山一道同云雨,明月何曾是两乡'
```

需要注意的是，如果模板字符串中出现多个槽{}，且槽内没有指定序号，则format()中的参数按顺序和槽一一对应，示例代码如下：

```
>>> "{}一道同云雨,{}何曾是两乡".format("青山","明月")
'青山一道同云雨,明月何曾是两乡'
```

当然，也可以在模板字符串的槽中指定序号，此序号是format()中参数的顺序，参数序号默认从0开始编号，示例代码如下：

```
>>> "{1}一道同云雨,{0}何曾是两乡".format("青山","明月")
'明月一道同云雨,青山何曾是两乡'
```

format("青山","明月")中,"青山"序号为0,"明月"序号为1,按从0开始的顺序自动编号。

如果模板字符串中出现的槽的数量和format()函数中出现的参数数量上不一致,则必须在槽中使用序号指定参数使用,否则会产生IndexError错误。示例代码如下:

```
>>> "{}一道同云雨,{}何曾是两乡".format("青山")
Traceback (most recent call last):
  File "<pyshell#131>", line 1, in <module>
    "{}一道同云雨,{}何曾是两乡".format("青山")
IndexError: tuple index out of range
```

其解决问题代码如下:

```
>>> "{0}一道同云雨,{0}何曾是两乡".format("青山")
'青山一道同云雨,青山何曾是两乡'
```

如果希望在模板字符串中直接输出大括号,则必须在模板字符串中用"{{"表示"{",用"}}"表示"}"。示例代码如下:

```
>>> "他吟诵道:{{{0}一道同云雨,{1}何曾是两乡}}".format("青山","明月")
'他吟诵道:{青山一道同云雨,明月何曾是两乡}'
```

format()方法通常与print()函数一起构成输出语句。

2. format()方法的格式控制

在format()方法中,其模板字符串中槽的内容并不像"format()方法的基本使用"中说明的那么简单,因为槽中除了有参数序号,还可以有格式控制信息。下面详细讲解槽中的具体内容。槽的语法格式如下所示:

{<参数序号>:<格式控制标记>}

参数序号前面已经介绍过,其编号从0开始,对应format()中参数的个数,自动顺序编号。格式控制标记以引号(:)开始,其后包括<填充><对齐><宽度><,><.精度><类型>6个字段,其格式内容见表3.6,这些字段都是可选的,也可以组合使用。

表 3.6 format 格式控制字段

<填充>	<对齐>	<宽度>	<,>	<.精度>	<类型>
单个填充字符	<左对齐 >右对齐 ^居中对齐	输出宽度	数字千位分隔符	浮点小数位数或字符串最大输出长度	整数类型 b,c,d,o,x,X 浮点数类型 e,E,f,%

<宽度>:指当前槽设定的输出字符宽度,如果该槽对应参数的实际值比宽度设定值大,则使用对应参数的实际长度。如果该参数值的实际位数小于指定宽度,则按照对齐指定方式在设定宽度内对齐,不足部分默认以空格字符补充。

<填充>:指<宽度>内除了对应参数外的补充字符采用什么方式表示,默认采用空格,填充字符只能使用单个字符。

<对齐>:指对应参数在<宽度>内输出时的对齐方式,分别使用<、>、^三个符号表示左对齐、右对

齐和居中对齐。

示例代码如下:

```
>>> x="国泰民安"
>>> "{:15}".format(x)              # 默认方式左对齐
'国泰民安           '
>>> "{:1}".format(x)               # 指定宽度为1, 变量x宽度为4
'国泰民安'
>>> "{:^15}".format(x)             # 居中对齐
'     国泰民安      '
>>> "{:#^15}".format(x)            # 居中对齐, 其余部分用#填充
'#####国泰民安######'
```

格式控制标记也可以使用变量表示,即可以用槽指定所对应的控制标记及数量。示例代码如下:

```
>>> x="国泰民安"
>>> y="井"
>>> z="^"
>>> "{0:{1}^15}".format(x,y)
'井井井井井国泰民安井井井井井井'
>>> "{0:{1}^{2}}".format(x,y,15)
'井井井井井国泰民安井井井井井井'
>>> "{0:{1}{3}{2}}".format(x,y,15,z)
'井井井井井国泰民安井井井井井井'
```

<,>:逗号,用于显示数字的千位分隔符,适用于整数和浮点数。

<精度>:表示两个含义,以小数点(.)开头。对于浮点数,精度表示小数部分输出的有效位数;对于字符串,精度表示输出的最大长度。

<类型>:表示输出整数和浮点数类型的格式规则。对于整数类型,输出格式包括6种;对于浮点数类型,输出格式包括4种,浮点数输出时尽量使用<精度>表示小数部分的宽度,有助于更好地控制输出格式。整数和浮点数类型的格式规则见表3.7。

表 3.7 数字类型符号说明

符 号	功 能
b	输出整数的二进制方式
c	输出整数对应的 Unicode 字符
d	输出整数的十进制方式
o	输出整数的八进制方式
x	输出整数的小写十六进制方式
X	输出整数的大写十六进制方式
e	输出浮点数对应的小写字母 e 的指数形式
E	输出浮点数对应的大写字母 E 的指数形式
f	输出浮点数的标准浮点形式
%	输出浮点数的百分形式

示例代码如下:

```
>>> "{0:b},{0:c},{0:d},{0:x},{0:X}".format(400)
'110010000,ǐ,4001,190,190'
>>> "{0:e},{0:E},{0:f},{0:%}".format(1.2345)
'1.234500e+00,1.234500E+00,1.234500,123.450000%'
>>> "{0:.2e},{0:.2E},{0:.2f},{0:.2%}".format(1.2345)
'1.23e+00,1.23E+00,1.23,123.45%'
>>> "{:.2f}".format(1.23456)
'1.23'
>>> "{:x}".format(123)                              # 输出123的十六进制形式
'7b'
>>> "{:.5}".format("创新是引领发展的第一动力")    # 输出字符串的前5位
'创新是引领'
```

3.5 精选案例

【例3.2】 任意输入一个三位的整数,求出其各位数字,并反向顺序输出。例如,输入123,输出321。

方法1:用数学方式求解。代码如下:

```
x=eval(input("请输入一个三位数:"))
a=x//100
b=x//10%10
c=x%10
print(c*100+b*10+a)
```

方法1首先通过eval(input())函数从用户处获取一个整数输入,并将其赋值给变量x。使用eval()函数解析并执行字符串中的Python表达式,但这里其实没有必要使用eval,因为只是需要获取输入,所以可以直接使用int(input())。然后通过整除和取余操作分离出这个三位数的百位、十位和个位数字,分别赋值给变量a、b和c。最后通过算术运算将这三个数字反向顺序组合,并通过print()函数输出结果。

方法2:用字符串方式求解。代码如下:

```
x=input("请输入一个三位数:")
print(int(x[-1])*100+int(x[-2])*10+int(x[0]))
```

方法2通过input()函数从用户处获取一个字符串输入,并将其赋值给变量x。

然后通过字符串索引和int()函数分离出这个三位数的百位、十位和个位数字,并利用它们反向顺序构造一个新的整数。最后通过print()函数输出结果。需要注意的是,这里并没有显式地检查输入是否确实是一个三位数,如果输入不是三位数,程序可能会出错或产生不正确的结果。

方法3:用一条语句完成求解。代码如下:

```
print(input("请输入一个三位数:")[::-1])
```

方法3通过input()函数从用户处获取一个字符串输入。然后使用字符串切片操作[::-1]直接将该字符串反转。最后通过print()函数输出结果。该方法虽然简洁,但也没有进行输入的有效性检查,如果输入不是一个三位数,结果可能不正确。

由上可知,编程思维在进入Python语言中变得更加简单和简洁,想达到简洁,关键是需要读者对基础知识点要熟悉,在语言课程中使用所学的知识,不停地去使用,才是通向成功的捷径。

【例3.3】 将时间秒数转换为小时、分和秒的格式。

假设用户输入了代表秒数的数字,如3661,需要将其转换为"1小时1分1秒"格式。

程序分析:

(1)需求理解:

用户会输入一个代表秒数的数字。需要将该数字转换为"小时:分:秒"的格式。

(2)数据处理:

输入:一个整数,代表总秒数。

处理:将总秒数分解为小时、分和秒。

输出:格式化后的时间字符串。

(3)算法选择:

使用整除(//)得到小时数,使用取模(%)操作获得余下的秒数。

对余下的秒数再次使用整除和取模操作,以得到分数和秒数。

(4)输出格式:

最终的输出应该是"{}小时{}分{}秒"这样的格式。其中{}是占位符,用于插入计算后的小时、分和秒数。

根据以上分析,可以开始编写程序,实现上述逻辑。

代码如下:

```python
# 输入总秒数
total_seconds = int(input("请输入总秒数:"))
# 计算小时、分和秒
hours = total_seconds // 3600
minutes = (total_seconds % 3600) // 60
seconds = total_seconds % 60
# 格式化输出
print("转换为时间格式为:{}小时{}分{}秒".format(hours, minutes, seconds))
```

运行结果如下:

```
请输入总秒数:3666
转换为时间格式为:1小时1分6秒
```

在这个例子中,通过使用数学方法,得到相应的值。再通过format()函数控制输出的格式。数学符号"//""%"是计算机编程中的常客,要熟悉其使用特点,加以应用;format()函数有强大的格式控制功能,在今后的学习中应当多加使用。

【例3.4】 输入一串数字,找出其中最大值和最小值。要求输入的数字用逗号隔开。

程序分析：

（1）需求理解：

用户会输入一串用逗号隔开的数字。

找出其中的最大值和最小值。

（2）数据处理：

输入：一个字符串，其中包含用逗号隔开的数字。

处理：将该字符串转换为数字列表，并找出其中的最大值和最小值。

输出：最大值和最小值。

（3）算法选择：

使用split()函数将输入的字符串按逗号分隔，得到一个字符串列表。

遍历该字符串列表，将每个元素转换为数字（这里选择float以支持整数和小数），并存储到一个新的数字列表中。

使用Python内置的max()和min()函数找出数字列表中的最大值和最小值。

（4）输出格式：

输出应该清晰地表示出最大值和最小值，例如，"最大数字是：x"，"最小数字是：y"。

代码如下：

```
#输入一系列数字，以逗号分隔
input_numbers = input("请输入一系列数字，以逗号分隔:")

# 将输入字符串转换为数字列表
str_list = input_numbers.split(",")        #str_list中列表元素为字符串型
number_list=[]                              #建立空列表
for i in str_list:
    number_list.append(float(i))            #number_list列表中元素为数值型
# 输出结果
print("最大数字是:",  max(number_list) )
print("最小数字是:",  min(number_list) )
```

运行结果如下：

```
请输入一系列数字，以逗号分隔: 45,12,33,78,3.14,78.4,12.123
最大数字是: 78.4
最小数字是: 3.14
```

在这个例子中，需要考虑很多关于数据类型转换的问题，例如，input()函数获得的数据，其类型是字符串型的，split()函数切割后的结果是一个列表，但列表中的每个元素是字符串类型的，如果希望得到最值就需要数值型的数据元素的列表等。这种数据类型的转换在日常编程中也是需要考虑的一个方面。

小结

通过本章的学习，我们深入了解了Python的基本数据类型，包括数字类型（整数、浮点数、复数）以及字符串类型。同时，我们也掌握了不同类型之间的运算操作符和函数，如算术运算、字符串连接等。在字符串处理方面，学习了字符串的索引、切片、操作符、操作函数和处理方法，这使得我们能够更加灵活地处理字符串数据。此外，通过应用举例，我们进一步理解了数据类型在实际问题中的应用。掌握这些基本数据类型及其操作是编写高效、实用程序的关键所在。

习题

一、选择题

1. 下列符号用于表示字符串的是（　　）。
   A. ""　　　　　　B. "　　　　　　C. []　　　　　　D. {}
2. Python中的字符串默认编码格式是（　　）。
   A. ASCII　　　　B. Unicode　　　C. UTF-8　　　　D. ISO-8859-1
3. 字符串中的索引是从（　　）开始的。
   A. 0　　　　　　B. 1　　　　　　C. -1　　　　　　D. 任意整数
4. 下列操作符用于字符串连接的是（　　）。
   A. +　　　　　　B. -　　　　　　C. *　　　　　　 D. /
5. format()函数用于（　　）。
   A. 字符串格式化　B. 数字计算　　　C. 列表操作　　　D. 字典操作
6. 下列方法用于将字符串转换为小写的是（　　）。
   A. lower()　　　B. upper()　　　C. capitalize()　D. title()
7. 下列关于整数缓存机制说法正确的是（　　）。
   A. Python缓存了所有使用过的整数　　B. 整数缓存的范围是[-5, 256]
   C. 整数缓存机制可以提高性能　　　　D. 整数缓存机制可以节省内存空间
8. 复数包含实部和虚部，虚部通过（　　）表示。
   A. j　　　　　　B. i　　　　　　C. z　　　　　　D. imaginary
9. 下列（　　）函数可以返回数字的绝对值。
   A. abs()　　　　B. round()　　　C. int()　　　　D. float()
10. 对于字符串切片操作，s[1:4]表示（　　）。
    A. 第1个到第4个字符（不包括第4个字符）
    B. 第2个到第4个字符（不包括第4个字符）
    C. 第1个到第3个字符（不包括第3个字符）
    D. 错误，无法表示
11. 下列函数可以去除字符串两侧空格的是（　　）。
    A. strip()　　　B. splits()　　C. cut()　　　　D. remove()

12. 对于数字类型，123 是属于（　　）类型。
    A. 浮点数　　　B. 复数　　　C. 整数　　　D. 不确定
13. Python 中进行整数除法，丢弃小数部分的操作是（　　）。
    A. 使用 // 操作符　　　　　B. 使用 / 操作符
    C. 使用 * 操作符　　　　　D. 使用 % 操作符
14. 将字符串转换为整数使用（　　）函数。
    A. int()　　　B. float()　　　C. str()　　　D. convert()
15. 在 Python 中，使用（　　）函数获取字符串的长度。
    A. len()　　　B. size()　　　C. length()　　　D. count()
16. 以下代码的输出是（　　）。

```
x = 10
y = 5
print(x // y)
```

    A. 2　　　B. 2.0　　　C. 10　　　D. 5

17. 以下代码的输出是（　　）。

```
x = 10
y = 3
print(x % y)
```

    A. 1　　　B. 2　　　C. 3　　　D. 4

18. 以下代码的输出是（　　）。

```
x = 5
y = x ** 2
print(y)
```

    A. 10　　　B. 20　　　C. 25　　　D. 50

19. 以下代码的输出是（　　）。

```
x = 3
y = -4
print(x > y)
```

    A. True　　　B. False　　　C. None　　　D. Error

20. 以下代码的输出是（　　）。

```
x = "hello"
y = "world"
print(x + " " + y)
```

    A. helloworld　　　B. hello world　　　C. hello+ +world　　　D. Error

二、编程题

1. 用户输入两个直角三角形的边 a 和 b，求斜边 c 的长度。

2. 编写程序，接收两个二维点（x1, y1）和（x2, y2）的坐标作为输入，计算并打印这两点之间的距离。

3. 用户输入一个字符串，编写程序使其中小写字母全部转换成大写字母，把大写字母全部转换成小写字母，其他字符不变并输出。

4. 字符串压缩：实现一个字符串压缩算法，如 Run-length Encoding。例如，"aaabbbcccdde" 应被压缩为 "3a2b3c2d2e"。

第 4 章
程序控制结构

  程序的灵魂在于其控制结构，它主导着程序的执行方式、决策机制和错误处理。本章将深入研究 Python 的控制结构，包括条件表达式、顺序结构、选择结构、循环结构和异常处理。通过掌握这些关键概念，我们能够更好地理解程序的逻辑流程，编写出更加健壮、高效的代码。就像遵守交通规则一样，程序也需要遵守一定的规则，以确保其正常、有序地运行。这也反映了我们对规则和法治的尊重和遵守。通过学习程序的控制结构，我们可以提升逻辑思维和遵守规则的意识，在面对复杂问题时能够做出明智的决策。

本章知识导图

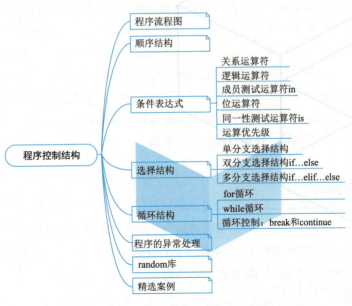

学习目标

- ➢ 熟悉条件表达式
- ➢ 掌握 if 条件语句的使用
- ➢ 掌握 for 和 while 循环的使用
- ➢ 掌握 break、continue 语句的使用
- ➢ 熟悉 try…except 语句的使用
- ➢ 熟悉 random 库

4.1 程序流程图

程序由三种基本结构构成：顺序结构、选择结构、循环结构。结构化的程序设计往往会使用流程图进行描述。程序流程图是用一系列图形、流程线和文字说明描述程序的基本操作和控制流程。流程图的基本元素如图4.1所示。

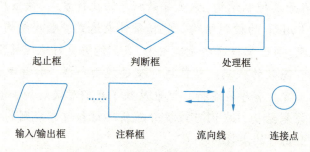

图 4.1　流程图基本元素

其中，起止框是一个圆角矩形，表示程序的开始或结束，每个程序只能有一个开始和一个结束；判断框是一个菱形框，用于判断框内条件是否成立，允许有一个入口，两个或两个以上出口，根据判断的结果选择不同的执行路径；处理框是一个矩形框，表示确定的处理和步骤，一个流程图中可有多个处理框；输入/输出框是一个平行四边形，表示数据的输入或经过处理后结果的输出，输入可有0个或多个，输出至少有一个；注释框是用来增加对程序的说明解释或标注的；流向线是带箭头的直线或者曲线，用于指示程序的执行路径；连接点是一个圆，可以将多个流程图连接起来，常用于多个流程图的拼接。

下面利用流程图介绍顺序结构、选择结构和循环结构。

4.2 顺序结构

顺序结构是结构化程序设计中最基本、最直接的一种结构，程序会依照其书写顺序从前到后依次执行语句。顺序结构的流程图如图4.2所示，先按顺序执行完语句块1，然后再按顺序执行语句块2。其中，语句块1和语句块2可以表示一个或一组顺序执行的语句。

图 4.2　顺序结构流程图

常见的顺序结构中通常会包含有赋值语句和输入、输出语句等。如第2章所提到的赋值号构成的赋值语句；input()和eval()函数构成的输入语句；print()函数构成的输出语句。顺序结构是其他更复杂结构（如选择结构和循环结构）的基础。掌握了顺序结构，就能更容易地理解和实现更复杂的程序逻辑。

4.3　条件表达式

在学习选择结构之前，先学习一下条件表达式。在选择结构和循环结构中，都需要用到条件表达式，根据条件表达式的值确定下一步的执行步骤。形成判断条件最常见的方式是采用关系运算符。

4.3.1　关系运算符

python中的关系运算符见表4.1。

表 4.1　关系运算符

操作符	<	<=	>	>=	==	!=
说　明	小于	小于或等于	大于	大于或等于	等于	不等于

（1）Python中关系运算符的一个重要前提是，操作数之间必须可比较大小。

Python中字符串大小的比较是基于字符的Unicode编码值，这些编码值就像每个字符的"身份证号"，它们按照字母的顺序排列，例如，a的Unicode值为97，则"b"的Unicode值为98，依次对应，就像字典里的单词一样。字符串是按照字典序逐字符进行比较，从字符串的第一个字符开始逐个比较其Unicode编码值来确定大小关系；列表大小的比较也是基于字典序，从第一个元素开始逐个比较，如果当前元素可比较则根据当前元素的比较结果确定两个列表的大小，否则根据列表长度确定大小关系；集合大小的比较是基于集合的包含关系，即比较集合中元素包含与被包含关系来确定集合的大小关系。示例代码如下：

```
>>> 7>8                    #比较数值大小
False
>>> "china"<"China"        # 比较字符串大小
False
>>> [5,6,7]<[5,6,8]         # 比较列表的大小
True
```

```
>>> {5,6,7}<{5,6,7,8}            # 集合的比较主要是测试包含关系
True
>>> "567">45                      # 字符串和数字无可比性
Traceback (most recent call last):
  File "<pyshell#10>", line 1, in <module>
    "567">45
TypeError: unorderable types: str() > int()
```

（2）Python中的关系运算符可以连用，且其含义与日常含义一致。示例代码如下：

```
>>> 2<3<4                #等价于2<3且3<4
True
>>> 3<5>2                # 等价于5>2 且 3<5
True
```

（3）关系表达式有惰性求值的特点，惰性求值是一种在需要时才计算值的策略，这种策略在处理大量数据时可以大大提高效率。示例代码如下：

```
>>> abc                           #abc没有赋值
Traceback (most recent call last):
  File "<pyshell#13>", line 1, in <module>
    abc
NameError: name 'abc' is not defined
>>> 1>2>abc                       # 惰性求值，只计算1>2就可得出结果，所以没必要计算2>abc
False
```

如上例中，因为1>2且2>abc中，只要有一个式子的结果为False，则整个式子的结果为False，而最先计算的1>2，其结果已经是False了，所以不需要再计算后面的式子2>abc。这就是惰性求值。

4.3.2 逻辑运算符

逻辑运算符not、and和or可以对条件进行逻辑组合或运算，构成更加复杂的条件表达式。其功能说明见表4.2。

表4.2 逻辑运算符

运算符	说明	举例
not	逻辑非，对操作数的逻辑状态取反。如果操作数为True，则结果为False；如果操作数为False，则结果为True	not True 结果为False
and	逻辑与，当两侧的操作数都为True时，结果为True；否则为False	True and False 结果为False
or	逻辑或，当两侧的操作数中至少有一个为True时，结果为True；否则为False	True or False 结果为True

（1）逻辑运算的一般例子，示例代码如下：

```
>>> x=80
>>> x<100 and x>10
```

```
True
>>> x>100 or x<10
False
>>> not x>100
True
```

（2）and 和or的惰性求值，示例代码如下：

```
>>> 12<3 and a>10              #此时a未定义，但关系表达式却可以得到结果
False
>>> 12<3 or a>10               #12<3 为 False，需要计算a>10，但a未定义，出错
Traceback (most recent call last):
  File "<pyshell#21>", line 1, in <module>
    12<3 or a>10
NameError: name 'a' is not defined
```

在编写复杂条件表达式时，可以利用惰性求值的特点，通过合理安排不同条件的先后顺序，可在一定程度上提高代码的运行速度。

（3）在Python中逻辑运算符两侧操作数还可以是数值表达式。对and 和or而言，其最终运算后的结果是最后一个被计算的表达式的值。对not而言，其结果依然是True或False，True对应非零值，False对应零。示例代码如下：

```
>>> x=5
>>> 7 and x+1                  #7 非 0 为 True，需要计算 x+1 才能确定值，结果为 6
6
>>> 7 or x+1                   #7 非 0 为 True，不需要计算 x+1，结果为 7
7
>>> 0 and 7                    #0 为 False，不需要计算后面的 7，结果为 0
0
>>> 0 or 7                     #0 为 False，需要计算后面的 7，结果为 7
7
>>> not 5                      #5 非 0 为 True，not True 的结果为 False
False
>>> not 0                      #0 为 False，not False 的结果为 True
True
```

4.3.3　成员测试运算符 in

用于测试一个对象是否为另一个对象的元素。示例代码如下：

```
>>> 3 in [4,3,7]               #测试3是否在列表[4,3,7]中
True
>>> 5 in range(1,10,1)         #range()函数用来生成指定范围的数字
True
>>> 'abc' in 'abcdefg'         # 子字符串测试
```

```
True
>>> for i in (3,5,7):            #循环，成员遍历
    print(i,end='\t')

3    5    7
```

4.3.4 位运算符

Python中位运算符只能用于整数，直接操作整数的二进制位。在执行位运算时应当首先将整数转换为二进制数，然后再使用位运算操作。具体符号如下：

（1）&（按位与）：对两个整数的每一位执行与操作，如果两个相应的二进制位都为1，则结果为1，否则为0。这通常用于屏蔽掉某些位或检查特定位的状态。

（2）|（按位或）：对两个整数的每一位执行或操作，如果两个相应的二进制位至少有一个为1，则结果为1，否则为0。这常用于设置特定位的状态，而不改变其他位。

（3）^（按位异或）：对两个整数的每一位执行异或操作，如果两个相应的二进制位有一个为1且另一个为0，则结果为1，否则为0。异或运算常用于加密、错误检测和数据交换等场景。

（4）~（按位取反）：对一个整数的每一位执行非操作，将1变为0，0变为1。这是一个单目运算符，通常用于生成补码或翻转所有位的状态。

（5）<<（左移）：左移将整数的所有位向左移动指定的位数，符号位保持不变，低位用0填充，相当于乘以2的指定次方。

（6）>>（右移）：右移将整数的所有位向右移动指定的位数，对于Python中的有符号整数，高位通常保持符号位不变（算术右移），低位丢弃，相当于除以2的指定次方（向下取整）。

其执行过程：首先将整数转换为二进制数，然后右对齐，必要时左侧补0，按位进行运算，最后再把计算结果转换为十进制数字返回。示例代码如下：

```
>>> 5<<2              #把二进制数101左移2位，则为二进制数10100
20
>>> 3 & 7             # 位与运算
3
>>> 3 | 8             # 位或运算
11
>>> 3 ^ 5             # 位异或运算
6
```

4.3.5 同一性测试运算符 is

用来测试两个对象是否同一个，如果是则返回True，否则返回False；如果是同一个，两者具有相同的内存地址。示例代码如下：

```
>>> x=[300,300,300]
>>> x[0] is x[1]       # 同一个值在内存中只有一份
True
```

```
>>> x=[1,2,3]
>>> y=[1,2,3]
>>> x is y                          #x 和 y 不是同一个列表对象
False
>>> x[0] is y[0]
True
>>> x=y
>>> x is y                          #x 和 y 指向同一个列表对象
True
```

4.3.6 运算优先级

以上几节中，介绍了Python中的各种运算符，运算符本身有计算优先级的问题，我们将运算符优先级顺序由高到低总结，见表4.3。

表 4.3 运算符优先级顺序

运算符	说明 （优先级由高到低）	运算符	说明 （优先级由高到低）
**	指数（最高优先级）	<= < > >=	比较运算
~	按位翻转	== !=	等于、不等于
* / % //	乘、除、取模、整除	= %= /= //= -= += *= **=	赋值类操作符
+ -	加、减	is is not	同一性运算符
>> <<	右移、左移	in not in	成员运算符
&	位与	not or and	逻辑运算符
^ |	位异或、位或		

实际使用中可记住以下简单规则：

（1）乘除优先加减。

（2）位运算和算术运算>比较运算>赋值运算。

条件表达式有一些特殊用法，Python语言中条件表达式的值只要不是False、0（或0.0，j等）、空值None、空列表、空元组、空集合、空字典、空字符串、空range()对象或其他空迭代对象，均被认为True。也就是所有合法的Python表达式都可以作为条件表达式，包括含有函数调用的表达式。

4.4 选择结构

在实际的编程过程中，常常需要解决这样一类问题，要求根据某些条件的逻辑结果决定要执行的程序语句。这种根据条件判断选择不同执行语句的运行方式就是选择结构，又称分支结构。在Python中实现分支结构的语句是if语句，而根据分支结构所实现的分支数的不同，可分为单分支结构、双分支结构和多分支结构。

4.4.1 单分支选择结构

单分支选择结构其语法格式如下:

```
if <条件表达式>:
    <语句块>
```

其中,表达式后面的冒号":"是不可或缺的,它表示一个语句块的开始,缩进表达<语句块>与if的包含关系,一般缩进四个空格。

当if后面表达式值为True或者为与True等价的值时,则执行语句块中的语句序列,然后程序接着执行if语句结束后的下一条语句。当结果为False或者为与False等价的值时,则语句块中的语句会被跳过去,直接执行if语句结束后的下一条语句。其流程图如图4.3所示。

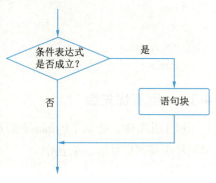

图4.3 单分支结构流程图

【例4.1】判断输入的字符串是否为回文字符串。

回文字符串是指正向读和反向读都一样的字符串,如12321、madam、level等。以下用单分支结构实现,代码如下:

```
#判断输入的字符串是否为回文字符串
str = input("请输入一个字符串或数值 :")
if str == str[::-1]:
    print("这是一个回文字符串。")
```

代码执行以后,当输入"12321"时,则输出"这是一个回文字符串。"运行结果如下所示:

```
请输入一个字符串或数值 :12321
这是一个回文字符串。
```

但是,在实际执行中,以上程序当条件为假时,没有给用户任何信息。运行结果如下所示:

```
请输入一个字符串或数值 :123
>>>
```

由结果可知,当输入123时,因为不满足if条件,所以应当执行if语句的下一条语句,但if语句已是程序的最后一条语句了,所以没有输出任何结果。这种情况会导致用户对程序结果究竟是什么产生疑惑,所以应当用到双分支结构去解决这个问题,即满足条件有输出结果,不满足条件也有输出结果。

4.4.2 双分支选择结构 if…else

if…else语句是Python中最基本的控制流语句之一。双分支结构的特点是它根据条件的结果执行不同的代码块。语法格式如下:

```
if<条件表达式>:
    <语句块 1>
else :
    <语句块 2>
```

当if后面条件表达式值为True或者为与True等价的值时,则执行语句块1中的语句序列;当结果为False或者为与False等价的值时,则执行语句块2中的语句序列。简单地说,双分支结构根据条件的True或False结果产生两条路径。其流程图如图4.4所示。

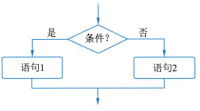

图 4.4　双分支结构流程图

【例4.2】用双分支结构完成判断输入的字符串是否为回文字符串,会使程序更完整。代码如下:

```
#判断输入的字符串是否为回文字符串
str = input("请输入一个字符串或数值 :")
if str == str[::-1]:
    print("这是一个回文字符串.")
else:
    print("这不是一个回文字符串.")
```

其运行结果如下:

```
请输入一个字符串或数值 :12321
这是一个回文字符串.
请输入一个字符串或数值 :12345
这不是一个回文字符串.
```

比较例4.1可知,例4.2不论是否满足回文字符串条件,都会给用户反馈,不会造成误解。

双分支结构还有一种更简洁的表达方式,是用一个三元运算符构成,其表达式中还可能嵌套三元运算符,实现与分支结构相似的效果。其语法格式如下:

<表达式1> if <条件> else <表达式2>

当条件中的值为True,则整个三元表达式的值为表达式1的值,否则为表达式2的值。示例代码如下:

```
>>> x=5
>>> print("yes") if x>2 else print("no")
yes
>>> print("yes" if x>2 else "no")           # 与上一条代码的含义不同
yes
>>> y=7 if x>10 else 8                      # 观察一下赋值的优先级
>>> y
8
```

另外,该三元表达式也有惰性求值的特点,大家可以试着验证一下。

再次强调一下,此结构是一种表达式,不是语句。注意学习过程中区分表达式和语句的使用方法。

4.4.3　多分支选择结构 if…elif…else

if…elif…else描述Python的多分支选择结构,语句格式如下:

```
if    <条件表达式1>:
```

```
        <语句块1>
elif <条件表达式2>:
        <语句块2>
...
elif <条件表达式n>:
        <语句块n>
else:
        <语句块n+1>
```

当if后面条件表达式1的值为True或者为与True等价的值时,则执行语句块1中的语句序列;否则计算条件表达式2的值,若其值为True,则执行语句块2中的语句序列;依此类推,若所有条件表达式的值都为False,则执行else后面的语句块$n+1$。

其流程图如图4.5所示

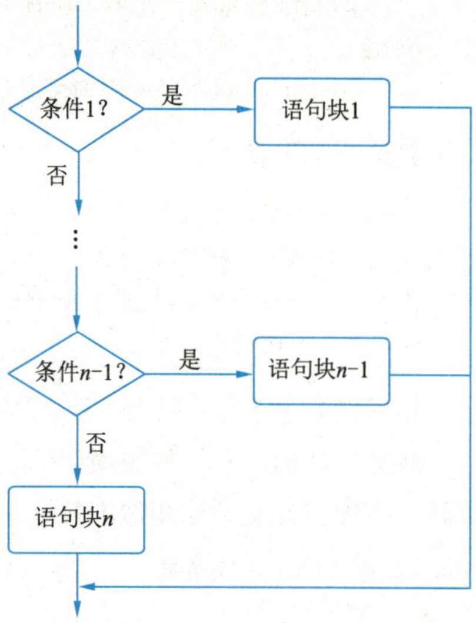

在多分支选择结构中,不论有多少条分支,程序只执行一条分支;也不论分支中有多少条表达式同时满足条件,只执行第一条与之相匹配的语句。

【例4.3】根据月份判断所在季节。

程序分析:

首先需要明确季节的划分标准。一般来说,北半球的季节划分如下:

春季:3月、4月、5月。

夏季:6月、7月、8月。

秋季:9月、10月、11月。

冬季:12月、1月、2月。

图4.5 多分支结构流程图

另外,我们还需要做一个用户输入的月份是否合法的验证,即如果输入了1~12之外的数据,则数据输入是不合法的。

由以上分析可知,我们需要一个5分支结构语句。

代码如下:

```
month = int(input("请输入月份(1~12): "))
if month < 1 or month > 12:
    print("月份输入不合法")
elif 3<=month<=5 :
    print("春季")
elif 6<=month<=8:
    print("夏季")
elif 9<=month<=11:
    print("秋季")
else:
    print("冬季")
```

运行结果为：

请输入月份(1~12)：2
冬季

以上例子中的条件，以"9<=month<=11"为例，还可以写成"month>=9 and month<=11"，其效果是相同的。

在例4.3中，其分支结构还可以有其他设计方式。

程序分析：首先提示用户输入一个月份，然后检查输入的合法性。如果输入合法，程序会根据月份判断季节，并输出相应的结果。这种设计分支的思路，其实是在一个双分支语句中的一条分支（输入合法）中嵌套使用了四分支结构（根据月份判断季节），其代码如下：

```
month = int(input("请输入月份(1~12)："))
if not (1 <= month <= 12):
    print("输入的月份不合法！")
else:
    if month in [12, 1, 2]:
        season = "冬季"
    elif month in [3, 4, 5]:
        season = "春季"
    elif month in [6, 7, 8]:
        season = "夏季"
    else:
        season = "秋季"
    print("{0}月对应的季节是{1}。".format(month,season))
```

运行结果：

请输入月份(1~12)：56
输入的月份不合法！

我们可以自己动手尝试一下其他分支运行结果，一般而言，在编写程序后进行调试时，应当把所有可能结果都一一进行验证。

【例4.4】设计一个问答式计算器。

程序分析：程序功能是接收用户输入的两个数字（num1和num2）和一个运算符（+、-、*、/之一，并将其存储到字符串变量operator中），然后根据运算符执行相应的数学运算，并输出结果。程序的核心在于其分支结构，根据运算符的不同，设计不同的分支。

在处理除法运算时，需要关注除数是否为0，当除数为0时会导致运算错误或程序崩溃。因此在除的分支中使用了一个嵌套的if...else结构，使用exit()函数在出现错误时立即终止程序，以免程序非正常终止。

另外，程序设计还需要考虑如果输入的运算符不是+、-、*、/中的任何一个，则打印一条错误消息并退出程序，表示不支持该运算符。

代码如下：

```python
num1 = float(input("请输入第一个数字："))
num2 = float(input("请输入第二个数字："))
operator = input("请输入运算符 (+、-、*、/): ")
if operator == "+":
    result = num1 + num2
elif operator == "-":
    result = num1 - num2
elif operator == "*":
    result = num1 * num2
elif operator == "/":
    if num2 != 0:
        result = num1 / num2
    else:
        print("除数不能为 0")
        exit()
else:
    print("不支持的运算符")
    exit()

print("计算结果：", result)
```

运算结果为：

```
请输入第一个数字：56
请输入第二个数字：7.8
请输入运算符 (+、-、*、/): +
计算结果：63.8
```

exit() 是 Python 中的一个内置函数，用于立即终止当前进程的执行。当 exit() 被调用时，Python 解释器会停止执行当前的程序，并退出。这个函数通常用于处理错误情况或响应用户的特定输入，以便在不需要继续执行程序时退出。我们也可以进一步尝试在例4.4中去除掉exit()语句观察一下程序的执行过程，以进一步了解exit()函数的使用特点。

该计算器只能在交互方式下运行，界面并不友好，可以考虑使用Python标准库Tkinter进行界面设计，进一步完善这个计算器。

4.5 循环结构

循环结构是用来重复执行一段代码的机制，Python提供了两种主要的循环结构：遍历循环和无限循环。遍历循环使用保留字for依次提取遍历结构各元素进行处理，一般用于循环次数可以提前确定的情况，特别适用于枚举或遍历序列或迭代对象中元素的场合。无限循环使用保留字while根据判断条件执行程序，一般用于循环次数难以提前确定的情况下，当然循环次数确定的情况下也可以用。循环结构的流程图如图4.6所示。

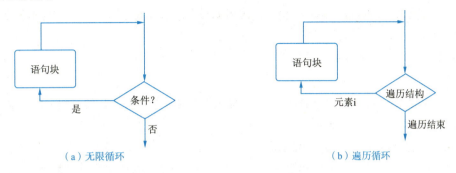

图 4.6　循环结构流程图

4.5.1　for 循环

在Python中，for循环就是遍历循环，其流程图如图4.6（b）所示。由图4.6（b）可知，其循环是先从遍历结构中提取元素，放在循环变量中，然后执行语句块内容，反复执行以上操作，直到遍历结构中元素全部取完了为止，for语句的循环执行次数是根据遍历结构中元素个数确定的，其语法格式如下：

```
for <循环变量> in <遍历结构>:
    <语句块>
```

其中，遍历结构可以是字符串、文件、range()函数或组合数据类型等。

（1）遍历结构为字符串。示例代码如下：

```
>>> for i in "China":
        print(i)
```

其运行结果为

```
C
h
i
n
a
```

上例中，变量i依次取"China"中的每一个字符，print(i)是循环体，依次输出变量i的值，循环次数为5次。

（2）遍历结构为range()函数，range()函数格式如下：

```
range(start, stop[, step])
```

其中：

start：序列的起始值，默认值为0（可选参数）。

stop：序列的结束值，但不包括该值（必选参数）。

step：序列中每个数字之间的差，即步长，默认值为1（可选参数）。

当只有一个参数时，range(stop)将生成从0到stop-1的整数序列。

如果有两个参数，range(start, stop)将生成从start到stop-1的整数序列。

如果有三个参数，range(start, stop, step)将生成从start开始，以step为步长，直到但不包括stop的整数序列。

【例4.5】计算1~100的累加和。

程序分析：

计算从1到100的累加和。加法是从1加到100，加法操作是一个反复执行的过程，而反复执行就是循环。为了实现这个目标，使用for循环和range()函数。

① 初始化一个变量s为0，用于存储累加和。

② 使用for循环来遍历从1~100的整数序列。可以使用range()函数生成这个整数序列。range(1, 101)表示生成一个从1开始（包括1），到101结束（不包括101）的整数序列。因此，这个序列包含了从1~100的整数。在每次循环中，将循环变量i的值加到s上，实现累加的效果。循环结束后，s的值就是从1~100的累加和。

③ 使用print()函数输出计算结果。

代码如下：

```
s=0
for i in range(1,101):
    s=s+i
print("从1加到100的和为{}".format(s))
```

通过例4.5，我们可以看到range()函数在for循环中的重要作用。它可以帮助我们生成一个指定范围内的整数序列，从而方便用户对序列中的每个元素进行操作。

同时，这个例子也展示了for循环的基本语法和执行流程。通过引用循环变量i，可以依次遍历序列中的每个元素，并对每个元素执行相同的操作。在循环结束后，可以得到预期的计算结果。

注意：range()函数生成的整数序列是左闭右开的，即包括起始值，但不包括结束值。因此，在使用range()函数时，需要注意起始值和结束值的设置，以确保生成的序列符合预期。

（3）遍历结构为列表。

【例4.6】连接列表words = ['我', '喜欢', 'Python']中的字符串。

程序分析：输入题目已经给出，即为words = ['我', '喜欢', 'Python']，要求输出列表中所有字符串连接成的单一字符串。字符串连接可使用"+"进行，因为是反复操作，所以使用for循环来遍历列表中的每个元素，在循环体内，使用字符串连接操作"+"将当前字符串添加到结果字符串中。

代码如下：

```
words = ['我', '喜欢', 'Python']
sentence = ''
for word in words:
    sentence += word
print("连接后的字符串:", sentence)
```

运行结果为:

连接后的字符串:我喜欢Python

在例4.6中,有类似于例4.5中累加的表达sentence += word,用在字符串中就成为字符串的连接,当然也可以使用前面介绍过的join()方法完成该程序,读者可以尝试一下。

遍历循环还有一种扩展模式,语法格式如下:

```
for <循环变量> in <遍历结构>:
    <语句块1>
else:
    <语句块2>
```

其程序执行过程是,当for循环正常执行之后,程序才会继续执行else语句中的内容,即else语句只在循环正常执行之后才执行。由于循环非正常结束,往往是因为执行了break语句造成的,在遍历循环的扩展模式中,这种情况不会执行else中的语句。所以,我们常使用该结构跟踪循环是否已经通过break跳出了。

【例4.7】找水果。示例代码如下:

```
fruits = ["apple", "banana", "cherry"]
x=input("Please enter a fruit word:")
for fruit in fruits:
    if fruit == x:
        print("Found  "+x+"!")
        break
else:
    print("Did not find "+x+".")
```

第一次运行结果如下:

```
Please enter a fruit word:peach
Did not find peach.
```

在这次运行中,要找水果peach,但是peach不在水果列表中,因此if语句条件不满足,break不会执行,循环正常结束,则执行else后面的print()语句。

第二次运行结果如下:

```
Please enter a fruit word:cherry
Found  cherry!
```

在本次运行中,要找的水果cherry在列表中,因此if语句条件满足,则执行了break,循环中断,则else不被执行。

4.5.2 while 循环

while是Python中保留的可以用来实现无限循环的语句,其流程图如图4.6(a)所示,首先对条件进行判断,如果满足条件则执行语句块,反复执行以上操作,直到条件不满足,从循环中退出,执行与

while同级别缩进的后续语句。其语法格式如下：

```
while <条件>:
    <语句块>
```

注意：while语句是先判断条件再确定是否循环，所以其最少执行次数可以是0次；在语句块中，应当有使循环中止的语句或者有令循环条件不满足的语句，否则会造成死循环。

【例4.8】计算$n!$。示例代码如下：

```
n = int(input("请输入一个正整数n: "))
factorial = 1
i = 1
while i <= n:
    factorial *= i
    i += 1
print(n, " 的阶乘为:", factorial)
```

首先，程序会要求用户输入一个正整数n，并初始化变量factorial为1和变量i为1。

其次，进入while循环，在每次循环中将i乘以factorial，并将结果再赋值给factorial，实现累乘的效果，这一步是计算阶乘的关键操作，它将累积的乘积存储在factorial变量中；将i的值增加1，这一步是为了在下一次循环中处理下一个整数，通过逐渐增加i的值，循环能依次处理从1~n的所有整数，直到i大于n时退出循环。

最后，程序输出计算得到的阶乘。

while无限循环也有使用保留字else的扩展模式，使用语法格式如下：

```
while <条件>:
    <语句块1>
else:
    <语句块2>
```

与for…else一样，当while循环正常执行之后，程序会继续执行else语句中的内容。因此，可以在else的语句块2中放置判断循环执行情况的语句。读者可以尝试自己改写例4.7，用while循环实现。

循环结构编程思路总结：

（1）理解循环需求：在开始编写循环代码之前，首先要清楚地理解问题的需求，确定循环的次数、循环的条件以及每次循环中需要执行的操作。

（2）选择合适的循环结构：根据问题的特点，选择合适的循环结构，如for循环（适用于已知循环次数的情况）或while循环（适用于循环次数不确定，但循环条件明确的情况）。

（3）初始化循环变量：循环开始前，需要初始化循环变量，这些变量通常用于控制循环的次数或作为循环条件的判断依据。

（4）设置循环条件：循环条件是决定循环是否继续执行的关键因素。条件设置不当可能导致循环无法终止（无限循环）或提前终止（未达到预期效果）。

（5）更新循环变量：在每次循环迭代结束后，需要更新循环变量的值，以确保循环能够正确进行下一次迭代或最终终止。

（6）注意循环体内的操作：循环体内的操作应该清晰、简洁且高效。避免在循环体内进行不必要的计算或执行与循环目的无关的操作。

（7）考虑循环的退出条件：在设计循环时，应始终考虑循环的退出条件，确保循环能够在满足条件时正确退出，避免程序陷入死循环。

总之，熟练掌握循环类程序设计需要不断地实践和总结经验，通过解决实际问题来加深对循环控制结构的理解和应用。

4.5.3 循环控制：break 和 continue

break和continue是循环结构中两个辅助循环控制的保留字。它们允许在循环过程中根据特定条件中断或跳过循环，从而更灵活地控制循环的执行流程。

1. break语句

用于提前终止当前循环，并立即退出该循环。当遇到break时，程序将跳出包含它的最内层循环，并继续执行紧跟在该循环之后的语句。如果有二层或多层循环，则break退出最内层循环。示例代码如下：

```python
for i in range(1, 11):
    if i == 5:
        print("遇到5,使用break中断循环")
        break
    print(i)
```

其运行结果为：

```
1
2
3
4
遇到5,使用break中断循环
```

以上代码中，循环变量i取值为1、2、3、4时，因为不满足if条件句，会直接执行"print(i)"语句，因此会有结果1，2，3，4输出，当循环变量i等于5时，满足"if i==5:"的条件，会执行语句"print("遇到5,使用break中断循环")"，打印出消息后，执行"break"语句中断for循环。因此，输出的数字会在5之前停止。

在这段代码中，我们也可以尝试调整"print(i)"语句的缩进和for语句对齐，运行程序观察其结果，思考一下原因。

2. continue语句

用来结束当前当次循环，即提前结束本轮循环，接着执行下一轮循环。将上面代码中的break语句用continue语句代替，示例代码如下：

```python
for i in range(1, 11):
    if i == 5:
```

```
        print("遇到 5，使用 continue 中断循环")
        continue
    print(i)
```

其运行结果为：

```
1
2
3
4
遇到 5，使用 continue 中断循环
6
7
8
9
10
```

当循环变量i等于5时，满足"if i==5:"条件，会执行"print("遇到5，使用break中断循环")"语句，打印出消息后，执行continue语句，跳过当前循环。因此，输出的数字会在跳过5之后继续，不会中断整个循环。

在实际应用中，当需要立即中断整个循环时，使用break；当需要跳过当前循环的特定条件时，使用continue。两者提供了更细粒度的循环控制，可以根据具体情况灵活调整循环的执行流程。

4.6　程序的异常处理

异常是在程序执行过程中发生的运行错误，例如，访问不存在的变量或索引超出范围等。异常会导致程序的突然中止或崩溃，例如平常遇到的死机，也是程序异常的一种。如果能够预测并处理这些异常，能够做到，即使出现异常，程序也能稳定顺利地继续执行下去，就大大提高了程序的健壮性和可靠性。

Python提供了一个强大的异常处理机制，允许用户捕获和处理异常，以确保程序的稳定性和可靠性。异常处理的基本结构是使用try和except语句块，基本的语法格式如下：

```
try:
    <语句块 1>
except:
    <语句块 2>
```

语句块1是正常执行的程序内容，当执行该语句块发生异常时，则执行except保留字后面的语句块2，以保证程序像洪水一样，一条分支堵塞了，但还是可以从另一条分支正常退出。例如：

① 在交互方式下输入如下内容：

```
>>> 1/0
```

其结果为：

```
Traceback (most recent call last):
```

```
    File "<pyshell#15>", line 1, in <module>
        1/0
ZeroDivisionError: division by zero
```

0是不能做被除数,该语句出现错误,也就是异常。

② 使用try语句控制这种异常的发生,可以编写如下程序,示例代码如下:

```
try:
    x = 1 / 0
except:
    print("不能除以零!")
```

其结果为:

不能除以零!

在这个例子中,程序是正常完成的。执行过程如下,首先进入try语句,执行一个除以零的操作,这是一个错误的操作,因此会触发ZeroDivisionError异常,由于使用except块捕获了这个异常,因此程序流程进入except结构,其语句内容是打印输出"不能除以零!"提示信息。由于使用了try…except结构,程序没有崩溃到直接出现错误提示,而是正常输出了结果。

【例4.9】编写程序,用户连续输入数字进行除法运算,直到用户决定停止。如果用户输入0作为除数,程序应该捕获这个异常,并打印出"除数不能为零!"提示信息。如果用户输入的不是数字,程序也应该捕获这个异常,并打印出"请输入有效的数字!"提示信息。当用户输入"q"或者"quit"时,程序退出循环并结束。

程序分析:本例有非常明确的需求描述,因此就不再做进一步的需求分析,可以从数据处理入手。

输入:用户的输入,可能是一个数字、"q"或"quit"。

处理:进行除法运算、异常处理、输入验证和循环控制。

输出:除法结果或错误提示信息。

算法选择方面,由于循环次数是由用户输入决定的,使用while True循环允许用户连续进行除法运算。在循环内使用try…except结构捕获可能出现的异常,如零除错误或输入不是数字的情况。当用户输入"q"或"quit"时,使用break语句退出循环。

代码如下:

```
while True:
    try:
        num1 = input("请输入第一个数字(或输入'q'或'quit'退出):")
        
        if num1.lower() in ['q', 'quit']:
            print("程序已退出。")
            break
        num2 = float(input("请输入第二个数字:"))
        result = float(num1)/ num2
        print("结果为:", result)
```

```
        except ZeroDivisionError:
            print("除数不能为零！")
        except ValueError:
            print("请输入有效的数字！")
```

程序第一次运行结果为：

请输入第一个数字（或输入'q'或'quit'退出）：56
请输入第二个数字：78
结果为：0.717948717948718
请输入第一个数字（或输入'q'或'quit'退出）：90
请输入第二个数字：0
除数不能为零！
请输入第一个数字（或输入'q'或'quit'退出）：79.5
请输入第二个数字：6
结果为：13.25
请输入第一个数字（或输入'q'或'quit'退出）：rt89
请输入第二个数字：45
请输入有效的数字！
请输入第一个数字（或输入'q'或'quit'退出）：quit
请输入第二个数字：90
程序已退出。

程序第二次运行结果为：

请输入第一个数字（或输入'q'或'quit'退出）：q
程序已退出。

程序第三次运行结果为：

请输入第一个数字（或输入'q'或'quit'退出）：quit
程序已退出。

在例4.9中，程序首先进入while True循环，这意味着程序会不断地执行循环体内的代码，直至遇到break语句才会退出循环。

在循环体内，程序首先执行try块中的代码。这个代码块包含了用户输入第一个数字、第二个数字以及进行除法运算的操作。

（1）程序首先提示用户输入第一个数字，使用input()函数接收用户的输入，并将其赋值给变量num1。如果用户输入的是q或quit（不区分大小写），则执行if语句块中的代码，打印出"程序已退出。"提示信息，并使用break语句退出循环。

（2）如果用户输入的不是退出命令，程序会继续执行，提示用户输入第二个数字，并将其赋值给变量num2。注意这里将用户的输入转换为浮点数类型，以便进行后续的除法运算。

（3）程序执行除法运算，将num1除以num2，并将结果赋值给变量result。然后，程序打印出"结果为："和计算结果。

（4）如果在执行除法运算的过程中出现了异常，如除数为0或者输入的不是数字，程序会跳转到对应的except块中执行异常处理代码：

① 如果捕获到的是ZeroDivisionError异常，说明除数为0，程序会打印出"除数不能为零！"提示信息。

② 如果捕获到的是ValueError异常，说明输入的不是有效数字，程序会打印出"请输入有效的数字！"的提示信息。

无论是否出现异常，程序都会继续执行下一轮循环，直到用户输入退出命令为止。

通过以上这些对异常的处理，我们要知道，每种异常在机器内部都有一个特殊的名字，通常称为"异常类型"或"错误代码"。这些异常类型是由编程语言或操作系统定义的，用于标识和区分不同类型的异常情况。

例如，在Python编程语言中，常见的异常类型包括ZeroDivisionError（除零错误）、TypeError（类型错误）、IndexError（索引错误）等。每个异常类型都有一个特定的名称，以便程序员可以准确地识别和处理它们。

关于异常处理结构，一方面系统内出现的异常种类比较多；另一方向，除了try...except之外，还有一些更加丰富的结构。限于篇幅，本书不做进一步的讨论。

4.7 random 库

在日常生活中，随机数生成的需求是非常常见的。Python的random库提供了多种生成随机数的方法。对于初学者来说，掌握这个库是非常有必要的。

random库是Python的标准库之一，用于生成伪随机数。为什么说是伪随机数呢？因为计算机生成的数实际上是可预测的，只不过看起来像是随机的。

常用random库函数见表4.4。

表 4.4 常用 random 库函数

函数名	函数格式	描述
random	random.random()	生成一个 [0.0, 1.0) 之间的随机浮点数
randint	random.randint(a,b)	生成一个 [a,b] 之间的随机整数
choice	random.choice(sequence)	从给定的序列中随机选择一个元素
shuffle	random.shuffle(sequence)	将序列的元素随机排列，原地修改序列
randrange	random.randrange(start,stop[,step])	返回一个在 range(start,stop,step) 内的随机整数
sample	random.sample(population,k)	返回从序列或集合中选择的 k 个不重复的元素组成的列表。用于随机抽样
uniform	random.uniform(a, b)	返回一个在 [a,b] 范围内的随机浮点数
seed	random.seed([x])	改变随机数生成器的种子。可用于实验的可重复性
getrandbits	random.getrandbits(k)	生成一个 k 位长的随机整数

（1）random()函数生成的随机数具有均匀分布的特性，也就是说，在[0.0, 1.0)区间内的任何一个子区间内，随机数出现的概率都是相等的。示例代码如下：

```
>>> import random
```

```
>>> random.random()
0.0477604166455704
>>> random.random()
0.5385641354279169
>>> random.random()
0.7650205055372885
```

每次产生的小数都不同,才称为产生随机小数。这一点初学者往往需要多尝试几次,进一步理解随机的含义。

(2) randint()函数在需要随机选择一定范围内的整数时非常有用,示例代码如下:

```
>>> random.randint(1,3)
2
>>> random.randint(1,3)
3
>>> random.randint(1,3)
3
>>> random.randint(1,3)
1
```

产生1,2,3中包括1和3的随机数,随机数的意思是当输入"random.randint(1,3)"按下【Enter】键后,是无法预测会出现什么结果,只能预估结果是1,2,3中的任意一个数。

(3) choice(sequence)函数中,sequence参数是一个序列类型的数据。示例代码如下:

```
>>> fruits = ['苹果', '香蕉', '橙子', '葡萄', '西瓜']
>>> random.choice(fruits)
'西瓜'
>>> random.choice(fruits)
'香蕉'
>>> random.choice(fruits)
'西瓜'
```

choice(fruits)从列表fruits中随机选择一个元素输出。这个函数非常适合用于需要随机选择元素的场景,比如抽奖、随机推荐等。

(4) shuffle(sequence)函数,也就是洗牌。示例代码如下:

```
>>>fruits = ['苹果', '香蕉', '橙子', '葡萄', '西瓜']
>>> random.shuffle(fruits)
>>> fruits
['苹果', '橙子', '葡萄', '香蕉', '西瓜']
>>> random.shuffle(fruits)
>>> fruits
['橙子', '苹果', '葡萄', '西瓜', '香蕉']
```

shuffle(fruits)会将列表fruits中的元素进行随机排序,上例中该函数执行了两次,列表fruits中的元素就被随机排序了两次，这种随机排序非常像我们平时玩牌时的洗牌操作。shuffle()函数会直接修改传入的序列，而不是返回一个新的序列，所以在该函数调用之后，传入的序列本身的元素顺序会被改变。

（5）randrange(start, stop[, step])函数的参数与Python内置的range()函数相似，包括一个起始值（start）、一个结束值（stop）以及一个可选的步长（step）。函数会返回在[start, stop)范围内的一个随机整数，也就是说，start是包括在内的，但是stop是不包括的。如果指定了步长参数，那么返回的随机数减去起始值后，将是步长的整数倍，并且在指定的范围内。示例代码如下：

```
>>> random.randrange(1,8,3)
4
>>> random.randrange(1,8,3)
1
>>> random.randrange(1,8,3)
7
>>> random.randrange(1,8,3)
4
```

从1～8步长为3的整数有1，4，7，所以random.randrange(1,8,3)其实就是产生1，4，7中的任意一个数。与random.randint()函数相比，random.randrange()函数更加灵活，因为它允许指定步长。这使得用户可以更加方便地生成一些具有特定规律的随机数序列。例如，使用random.randrange(0, 10,2)生成0～9之间的随机偶数。

（6）sample(population, k)的参数有两个：总体（population）和样本大小（k）。总体可以是一个序列（如列表、元组、字符串等），也可以是一个集合或字典。样本大小k是一个正整数，表示要从总体中选择的元素个数。函数会返回一个包含k个元素的列表，这些元素是从总体中随机选择的，而且不会重复。如果总体的元素个数小于k，那么函数会抛出一个ValueError异常。示例代码如下：

```
>>> fruits = ['苹果', '香蕉', '橙子', '葡萄', '西瓜']
>>> random.sample(fruits,4)
['橙子', '西瓜', '苹果', '香蕉']
>>> random.sample(fruits,4)
['葡萄', '苹果', '香蕉', '西瓜']
>>> random.sample(fruits,4)
['葡萄', '香蕉', '苹果', '橙子']
```

sample()函数在需要从总体中随机选择一部分不重复元素时非常有用。例如，在机器学习中，经常需要从数据集中随机选择一部分样本进行训练或测试，这时就可以使用random.sample()函数实现。

（7）uniform(a, b)函数的参数a和b分别表示随机浮点数的下限和上限，函数会返回[a, b)范围内的一个随机浮点数，也就是说，下限a是包括在内的，但是上限b是不包括的。示例代码如下：

```
>>> random.uniform(2,8)
2.9651717456012774
>>> random.uniform(2,8)
7.305198549349988
```

```
>>> random.uniform(2,8)
3.5016755851835706
```

uniform()函数在需要生成指定范围内的随机浮点数时非常有用。比如，在模拟程序、游戏、数值计算等领域中，经常需要生成一些具有特定分布的随机数，这时可以使用uniform()函数实现。

（8）seed([x])函数，参数x称为随机数的种子，如果每次生成随机数之前都设定相同的种子，那么每次生成的随机数序列也将是相同的。这样就可以保证在相同条件下，随机数生成的结果是可复现的。如果不设置种子值（即直接调用random.seed()），那么系统会默认使用当前的系统时间作为种子。

seed()函数只是设置了随机数生成器的种子，并不会直接生成随机数。如果需要生成随机数，还需要调用其他随机数生成函数，如random()、randint()、choice()等。

示例代码如下：

```
>>> from random import *
>>> seed(10)
>>> random()
0.5714025946899135
>>> random()
0.4288890546751146
>>> seed(10)              # 再次设置相同的种子，则后续产生的随机数相同
>>> random()
0.5714025946899135
>>> random()
0.4288890546751146
```

seed()函数可以帮助用户控制Python程序中生成的随机数序列，从而提高程序的重复性和可预测性。

（9）getrandbits(k) 函数返回一个介于$0 \sim 2^k$（包含0，但不包含2^k）之间的随机整数，每个值都以相等的概率产生。示例代码如下：

```
>>> random.getrandbits(3)
3
>>> random.getrandbits(3)
2
>>> random.getrandbits(3)
1
>>> random.getrandbits(3)
6
>>> random.getrandbits(3)
7
```

getrandbits(3)可能返回0、1、2、3、4、5、6或7，每个数字的概率都是1/8。这个函数在需要生成指定长度的随机二进制数字（或者说比特串）时非常有用。

4.8 精选案例

【例4.10】猜拳游戏设计。

在这个经典的游戏中，玩家需要与计算机随机生成的选择进行比赛。玩家可以选择"石头""剪刀""布"，然后与计算机的选择进行比较，根据规则判断胜负。

题目分析：

首先生成计算机的选择：使用random库生成"石头""剪刀""布"三者中的一个。接下来获取用户的输入，用户需要输入"石头""剪刀""布"中的一个。然后比较和判断胜负：根据游戏规则，"石头"赢"剪刀"、"剪刀"赢"布"、"布"赢"石头"。通过比较用户和计算机的选择，判断胜负。其完整程序如下所示：

```python
import random
# 获取玩家输入
player_choice = input("请输入你的选择（石头/剪刀/布）:")

# 生成计算机的选择
computer_choice = random.choice(["石头", "剪刀", "布"])

print("玩家选择了:", player_choice)
print("计算机选择了:", computer_choice)

# 判断胜负
if player_choice == computer_choice:
    print("平局！")
elif (player_choice == "石头" and computer_choice == "剪刀") or \
     (player_choice == "剪刀" and computer_choice == "布") or \
     (player_choice == "布" and computer_choice == "石头"):
    print("恭喜你，你赢了！")
else:
    print("很遗憾，你输了！")
```

在这个代码中，直接使用了random.choice()函数随机生成计算机的选择。但是，在实际操作中，往往会出现用户输入出现失误的情况，此时，程序就会直接崩溃，为了解决这个问题，可以在程序中加入异常处理部分，提高程序的健壮性。

其完整程序如下：

```python
import random

while True:
    try:
        # 获取玩家选择
        player_choice = input("请输入你的选择（石头/剪刀/布）:")
```

```
        # 如果玩家输入不在选项内，则提示用户并跳过此次循环
        if player_choice not in ["石头", "剪刀", "布"]:
            print("无效的输入，请重新输入！")
            continue
        # 生成计算机的选择
        computer_choice = random.choice(["石头", "剪刀", "布"])
        print("玩家选择了:", player_choice)
        print("计算机选择了:", computer_choice)
        # 判断胜负
        if player_choice == computer_choice:
            print("平局！")
        elif (player_choice == "石头" and computer_choice == "剪刀") or \
             (player_choice == "剪刀" and computer_choice == "布") or \
             (player_choice == "布" and computer_choice == "石头"):
            print("恭喜你，你赢了！")
        else:
            print("很遗憾，你输了！")
        break
    except Exception as e:
        print("发生了一个错误:", str(e))
```

以上程序使用try...except捕获和处理玩家输入时发生的异常，将整个代码块放在了一个无限循环while True中，当玩家输入有效选项并完成一次游戏后，使用break跳出循环。

小结

通过本章的学习，我们深入了解了Python的程序控制结构，掌握了条件表达式中各类运算符的使用和运算优先级。同时，也学习了选择结构和循环结构的用法，能够根据不同条件执行不同的代码块，实现了程序的流程控制。此外，还学习了程序的异常处理机制，能够更好地处理程序运行中出现的异常情况。通过random库的学习，掌握了生成随机数的方法，增加了程序的多样性。最后，通过精选案例的学习，进一步理解了程序控制结构在实际问题中的应用。掌握这些控制结构是编写高质量程序的关键所在。

习题

一、选择题

1. 以下不是循环结构的是（   ）。
   A. for   B. while   C. if
2. 以下用于捕获和处理异常的语句是（   ）。
   A. try...except   B. if...else   C. for...in
3. 以下不是Python关系运算符的是（   ）。
   A. <=   B. >=   C. ===

4．在Python中，（　　）结构允许根据条件选择执行不同的代码块。
　　A．顺序结构　　　　B．选择结构(if)　　C．循环结构(while, for)
5．以下运算符优先级最高的是（　　）。
　　A．**(乘方)　　　　B．*(乘法)　　　　C．+(加法)
6．以下用于定义一个无限循环的语句是（　　）。
　　A．while True:　　B．for infinity:　　C．loop forever:
7．以下不是Python中条件表达式的是（　　）。
　　A．if x > y: z = 1　　　　　　　　　B．x if x > y else y
　　C．1 if x > y else 0　　　　　　　　D．(x > y) and z
8．以下（　　）库提供了生成随机整数的功能。
　　A．math　　　　　B．random　　　　C．string
9．在Python中，表示"x不等于y或z"的语句是（　　）。
　　A．x != y or z　　B．x != (y or z)　　C．x != y or x != z
10．以下代码的输出是（　　）。

```
x = 5
if x > 10:
    print("x 大于 10")
else:
    print("x 小于或等于 10")
```

　　A．x 大于 10　　　　　　　　　　　B．x 小于或等于 10
11．以下代码的输出是（　　）。

```
for i in range(3):
    print(i, end=" ")
```

　　A．0 1 2　　　　　B．1 2 3　　　　　C．0 1 2 3
12．以下代码（　　）。

```
try:
    x = int("hello")
except ValueError:
    print(" 捕获到 ValueError")
```

　　A．会引发异常，但不会被捕获
　　B．不会引发异常
　　C．会引发异常，并被捕获
13．以下代码的输出是（　　）。

```
x = "hello"
if "o" in x:
    print("o 在 x 中 ")
else:
```

```
        print("o不在x中")
```

  A. o在x中   B. o不在x中

14. 以下代码中的while循环（ ）。

```
while True:
    if False:
        break
```

  A. 能正常终止

  B. 不能正常终止，会陷入无限循环

  C. 无法确定

15. 以下代码的输出是（ ）。

```
import random
print(random.randint(1, 6))
```

  A. 每次运行输出都不同，范围是1～6之间的整数

  B. 每次运行都输出1

  C. 每次运行都输出6

16. 以下代码的输出是（ ）。

```
x = [1, 2, 3]
for i in x:
    if i == 2:
        continue
    print(i, end=" ")
```

  A. 1 2 3   B. 1 3   C. 2 3

17. 以下代码的输出是（ ）。

```
x = "hello"
y = x.replace("l", "w")
print(y)
```

  A. hewwo B. hello C. hewwoe D. hweo

18. 以下代码的输出是（ ）。

```
for i in range(5):
    if i == 2:
        break
    print(i, end=" ")
```

  A. 0 1 2 3 4 B. 0 1 C. 0 1 2 D. 无输出

19. 执行以下代码后，下列说法正确的是（ ）。

```
count = 0
while count < 5:
```

```
    for i in range(3):
        if i == 1:
            count += 1
            break
print(" 循环结束 ")
```

  A．会进入无限循环   B．不会进入无限循环，正常结束

  C．代码存在语法错误，无法运行   D．以上选项都不正确

20．以下代码的输出是（   ）。

```
x = 0
y = 0
for i in range(3):
    for j in range(2):
        if j == 0:
            x += 1
        else:
            y += 1
print(x, y)
```

  A．(0, 0)   B．(1, 1)   C．(2, 2)   D．(3, 2)

二、编程题

1．计算斐波那契数列的前 n 项：编写程序，接收用户输入的一个正整数 n，计算斐波那契数列的第 n 项并输出。（用两种方法编写程序）

2．判断素数：输入一个正整数 n，判断 n 是否为素数（即只有两个正因子：1 和本身），并输出判断结果。

3．打印一个 9×9 的乘法口诀表，但只打印奇数行和偶数列的数字，如下所示。

```
1*2    1*4    1*6    1*8
3*2    3*4    3*6    3*8
5*2    5*4    5*6    5*8
7*2    7*4    7*6    7*8
9*2    9*4    9*6    9*8
```

4．实现冒泡排序，对一组数据 64，34，25，12，22，11，90 进行排序。

5．编写程序，生成一个随机密码，长度为 10 个字符。密码应至少包含一个大写字母、一个小写字母、一个数字和一个特殊字符。

第 5 章
函　　数

　　函数在数学和计算机科学中都扮演着重要角色，它允许用户将复杂的程序或算法分解成更小、更易于管理的部分，使代码更易于阅读和理解，也有助于开发人员更好地管理和维护代码。一旦定义了一个函数，就可以在程序或算法的多个地方多次调用它，而不必每次都编写相同的代码。这大大提高了代码的效率和可读性。

本章知识导图

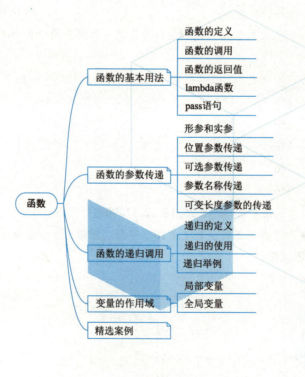

学习目标

➤ 熟练掌握函数的定义和调用
➤ 熟悉函数的参数传递
➤ 了解函数的递归
➤ 了解函数的作用域

5.1 函数的基本用法

在编程领域，函数是一种高效且可重复使用的代码结构，它具备接收输入数据，执行特定任务并可能返回输出结果的能力。Python提供了强大的函数定义和调用机制，使得代码编写更加模块化、代码片段更易于重用，同时也极大地提升了代码的可维护性。下面开始学习函数的定义和调用。

5.1.1 函数的定义

Python定义一个函数使用def保留字，函数定义包括两部分，即函数名和函数体，函数名用于标识函数，函数体中则包含了实现特定功能的代码块。语法格式如下：

```
def <函数名>(<形参列表>):
    <函数体>
    return <返回值列表>
```

其中：

函数名：用于唯一标识该函数，符合标识符的命名规则。

形参列表：代表了函数的输入值，在函数内部进行计算和操作，是在函数定义时声明的参数，可以有零个、一个或多个，多个参数由逗号分隔，当没有参数时也要保留圆括号。形式参数不需要声明类型，也不需要指定函数返回值类型。

函数体：是函数每次被调用时执行的代码，由一行或多行语句组成。

例如，一个乘法函数，示例代码如下：

```
def multiply_numbers(a, b):
    return a*b
```

上例中，multiply_numbers()是一个乘法函数，它接收两个参数 a 和 b，然后使用"*"运算符计算这两个数字的乘积，并返回结果。由于需要返回值，所以要使用return和返回值列表。函数也可以没有返回值，没有返回值的函数，仅表示执行了函数体部分的代码功能。

例如，问候函数，示例代码如下：

```
def greet(name):
    print("Hello,{}!".format(name))
```

该函数没有返回值，仅在调用时执行"print("Hello,{}!".format(name))"语句。

当一个函数被定义后，它仅仅只是一段存在于代码中的静态代码块。它不会自行执行，也不会对程序产生任何影响。只有当函数被调用时，它才会被激活，并执行其中的代码。调用函数可以理解为给函数发出一个执行的命令，使其从静态变为动态。

5.1.2 函数的调用

调用函数的基本语法格式如下：

```
<函数名>(<实参列表>)
```

例如，对乘法函数的完整调用过程，示例代码如下：

```
def multiply_numbers(a, b):              # 乘法函数的定义
    return a*b
print(multiply_numbers(3, 5))            # 乘法函数的调用
```

该程序的完整执行过程如下：

（1）定义函数：首先程序定义了一个名为multiply_numbers的函数，该函数接收两个参数a和b。
（2）函数体：在函数体内，有一个return语句，它返回a和b的乘积。
（3）调用函数：在定义函数后，程序通过"print(multiply_numbers(3, 5))"语句调用该函数。
（4）传入参数：在调用函数时，传入了两个参数，分别是3和5，它们分别赋给a和b。
（5）执行函数体：函数体开始执行，计算a和b的乘积，也就是3乘以5，得到15。
（6）返回值：函数将计算得到的乘积15返回。
（7）打印返回值：print语句将函数的返回值15打印输出。

在这个过程中，函数是从"print(multiply_numbers(3, 5))"语句开始被调用，最后执行完函数内容后，也是回到了"print(multiply_numbers(3, 5))"语句调用的位置；函数中有两个形参a和b，调用函数的print()语句也有两个实参3和5；完整的程序中，函数要先定义好才能被调用，所以通常情况下函数定义放在程序的开始部分，或者至少在函数调用之前。

5.1.3 函数的返回值

函数通过return语句返回值，可以返回任何类型的值，包括整数、浮点数、字符串、列表、字典等，函数也可以返回多个值，实际上是通过返回一个元组实现的。示例代码如下：

```
>>> def exap(x,y,z):
        return x*y+z
>>> s=exap(3,5,7)
>>> print(s)
22
```

这段代码定义了一个exap()函数，该函数接收三个参数x、y和z。函数的功能是计算x与y的乘积，然后将结果与z相加，return x*y+z表示函数将返回x和y的乘积与z的和。

接下来，代码创建了一个名为s的变量，该变量被赋值为exap(3,5,7)的返回值。换句话说，这里调用了exap()函数，并传入了三个参数：3、5和7。函数执行后返回了3*5+7的结果，即22。

最后，print(s)语句输出了变量s的值，也就是22。

这段代码展示了如何定义一个函数，如何通过调用函数来获取返回值，并将这个返回值赋给一个变量，最后输出这个变量的值。重点在于理解函数如何通过return语句返回计算结果，并且这个返回值可以被赋值给其他变量或用于其他计算。

再来看一组程序，示例代码如下：

```
>>> def exap(x,y,z):
    return x*y+z,x+y+z,x*y%z

>>> print(exap(3,5,7))
(22, 15, 1)
```

在这个例子中，return语句后面有三个表达式"x*y+z, x+y+z, x*y%z"，返回的是三个值，这些值通过逗号分隔，并构成一个元组作为函数的返回值，即三个表达式的结果被打包成一个元组，并由函数返回。这段代码展示了如何在Python中定义一个返回多个值的函数，并如何调用这样的函数来获取这些返回值。重点在于理解函数可以返回元组，这个元组可以包含任意数量的元素，每个元素都是函数内部计算的一个结果。

return语句可以将结果返回给调用者，但只要return语句被执行，函数的执行将立即结束，无论是否有其他代码。示例代码如下：

```
def example_func():
    print("Before return statement")
    return "Hello"
    print("After return statement")          # 这行代码将不会被执行
print(example_func())
```

其运行结果为：

```
Before return statement
Hello
```

这段代码定义了一个example_func()函数。该函数的主要目的是演示 return 语句在函数中的作用，特别是它如何结束函数的执行。函数体内部包含三个语句：

（1）print("Before return statement")：这行代码在函数被调用时首先执行，输出字符串 "Before return statement"。

（2）return "Hello"：return 语句是函数的关键部分。它做了两件事：首先，它指定了函数返回的值，在这个例子中是字符串 "Hello"。其次，也是非常重要的一点，return 语句会立即结束函数的执行。这意味着函数体中位于 return 语句之后的任何代码都不会被执行。

（3）print("After return statement")：由于这行代码位于 return 语句之后，因此它永远不会被执行。这就是为什么在输出结果中没有 "After return statement" 的原因。

最后，print(example_func()) 调用了 example_func()函数，并打印了它的返回值。因此，输出结果首先是 "Before return statement"（来自函数内部的第一个 print 语句），然后是 "Hello"（来自函数的返回值）。

总体而言，这段代码的重点是展示 return 语句如何结束函数的执行，并返回指定的值。同时，它也提醒编程者注意，在 return 语句之后放置代码是一个错误的行为，因为这些代码永远不会被执行。

如果函数中没有return语句，或者return后面没有跟任何值，那么该函数将返回None，如下例，示例代码如下：

```
def no_return():
    x=3
print(no_return())
```

其运行结果为：

```
None
```

在这段代码中，函数no_return()定义了一个局部变量 x 并将其赋值为3，但并没有用return语句返回这个值或者任何其他值。当print(no_return())语句调用 no_return()函数，并尝试打印其返回值时，由于函数内部没有 return 语句，解释器默认返回了 None。因此，打印的结果是"None"。

函数的返回值可以被赋值给一个变量，或者用于其他计算，初学者往往把在函数内部使用print()函数进行输出视为返回值，请务必区分清楚，返回值是需要明确使用return语句的。

5.1.4 lambda 函数

在Python中，有时可能只需要一个简单的函数，只使用一次，并不需要给它起个名字。这时候，lambda函数就派上用场了。作为一种简洁且强大的匿名函数，lambda函数能够让用户编写的代码更加优雅和高效。

lambda函数的语法通常使用关键字lambda表示。它后面紧跟着参数列表，然后是一个冒号和一个表达式，表示函数的返回值，其语法格式如下：

```
<函数名> = lambda <参数>: <表达式>
```

这种格式等价于：

```
def <函数名>(<参数>) :
    return <表达式>
```

lambda函数可以接收任意数量的参数，但只能返回一个表达式的值。

例如，计算两个数的和。示例代码如下：

```
>>> f=lambda x,y:x+y
>>> f(7,8)
15
```

上例中，定义了一个lambda函数，该函数有两个参数x和y，返回值为两个参数x和y的和。

一般而言建议谨慎使用lambda函数，lambda函数主要用作一些特定函数或方法的参数，它有一些固定使用方式，建议逐步掌握。一般情况，建议初学者使用def定义普通函数。

5.1.5 pass 语句

pass语句在Python中表示一个空操作，即它不执行任何实际的操作或产生任何效果。它只是一个占位符，用于在语法上需要一个语句，但实际上不需要执行任何操作时使用。

pass语句的语法非常简单，只需要使用关键字pass即可。它没有任何参数或额外的语法要求。示例代码如下：

```
def my_function():
    pass
```

my_function()函数什么都不做，调用它不会有任何效果。

pass语句的主要作用是保持程序结构的完整性。在编写代码时，有时可能需要定义一个函数或类的结构，但暂时还没有实现具体的功能。这时，可以使用pass语句作为一个临时的占位符，以确保程序语法的正确性。稍后，可以再填充具体的实现代码。

注意：pass语句只是一个临时的占位符，不应该被用于实际的程序逻辑中。一旦程序的功能实现完成，应该及时替换掉pass语句，以确保程序的完整性和可读性。

5.2 函数的参数传递

函数的参数传递是函数中数据交互的核心机制之一，理解并掌握参数传递的概念，将使我们能够编写出更加准确、高效且符合预期的代码。函数的参数传递是通过形参和实参的交互实现的。

5.2.1 形参和实参

形式参数简称"形参"，是在定义函数时使用的，形式参数的命名只要符合"标识符"命名规则即可。调用函数时，传递的参数称为"实际参数"，简称"实参"。当函数定义和调用时，无论有没有参数，一对括号必须有。定义函数时不需要声明形参的参数类型，解释器会根据实参的类型自动推断形参类型。

例如，比较大小，找较大值。示例代码如下：

```
def printMax(a,b):
    if a>b:
        print(a," 较大值 ")
    else:
        print(b," 较大值 ")
printMax(10,20)
```

运行结果：

```
20 较大值
```

这个例子中，形参是 a 和 b，实参为10和20，参数的传递是从调用printMax()函数开始的，调用开始后，实参10的值传递给了形参 a，实参20的值传递给了形参 b，然后函数printMax()内部使用这些值执行函数体的内容。

在Python中，参数传递是通过对象引用来进行的，当向函数传递参数时，实际上是传递了对象的引用。如果在函数内部修改了对象的值，这个修改会对外部参数造成影响吗？这需要分成两种情况讨论。

（1）当传递一个列表或字典等可变对象时，函数内部对其的修改会影响到函数外部的原始对象。示例代码如下：

```
b=[10,20]
print("b 的初始引用为：",id(b))
def f2(m):
    print("m 的初始引用为：",id(m))
    m.append(30)
    print("m 运算后的引用：",id(m))
f2(b)                                          # 调用 f2，实参为 b
print("调用结束后 b 的引用为：",id(b))
print("调用结束后 b 的值为：",b)
print("调用结束后 m 的值为：",m)
```

其运行结果为：

```
b 的初始引用为：2361275969416
m 的初始引用为：2361275969416
m 运算后的引用：2361275969416
调用结束后 b 的引用为：2361275969416
调用结束后 b 的值为：[10, 20, 30]
Traceback (most recent call last):
  File "D:/可变对象.py", line 10, in <module>
    print("调用结束后 m 的值为：",m)
NameError: name 'm' is not defined
```

由上例可知，实参 b 和形参 m 引用的是同一个对象，所以其引用值（2361275969416）相同，当形参 m 在函数内部被加入数据 30 后，m 的值为[10，20，30]，虽然函数调用结束，但是其修改后的结果还保留在实参 b 中，所以 b 的值也是[10，20，30]。m 变量在函数调用结束后就不存在了，所以会出现"name 'm' is not defined"错误。以上这种情况仅限于可变对象（字典、列表、集合或其他自定义的可变序列）。

（2）对于不可变类型的参数，如整数、浮点数和字符串，在函数内部直接修改形参的值不会影响实参。因为这些不可变对象在函数内部无法被修改，它们的值在创建时就被确定了。因此，当传递这些类型的参数时，如果在函数内部尝试修改它们的值，实际上会创建一个新的对象。

示例代码如下：

```
b=3
print("b 的初始引用为：",id(b))
def add1(a):
    print("a 的初始引用为：",id(a))
    a+=1
    print("运算后 a 的引用为：",id(a))
    print("运算后 a 的值为：",a)
add1(b)                                        # 调用 add1() 函数，实参为 b
print("调用结束后 b 的引用为：",id(b))
```

```
print("调用结束后 b 的值为:",b)
print("调用结束后 a 的值为:",a)
```

其运行结果为:

```
b 的初始引用为: 1985553168
a 的初始引用为: 1985553168
运算后 a 的引用为: 1985553200
运算后 a 的值为: 4
调用结束后 b 的引用为: 1985553168
调用结束后 b 的值为: 3
Traceback (most recent call last):
  File "D:/不可变对象.py", line 11, in <module>
    print("调用结束后 a 的值为:",a)
NameError: name 'a' is not defined
```

由上例可知,在参数传递阶段,实参b和形参a都引用同一个对象3,所以其引用值相同,都是1985553168,当变量a在函数内部被重新赋值后,a的引用值是另外一个对象4,其引用值1985553200调用结束后,形参a变量消失,而此时b变量没有发生任何变化,其值还是3,其引用值还是1985553168。也就是说,在函数内部对形参a的修改不会对实参b造成影响。

Python采用的是基于值的自动内存管理模式,变量并不直接存储值,而是存储值的引用。从此角度而言,Python中的函数不存在传值调用。

5.2.2 位置参数传递

在Python中,位置参数传递是一种基本的传递方式。它要求当函数被调用时,实参和形参的顺序必须严格一致,并且实参和形参的数量必须相同。

示例代码如下:

```
>>> def add(a,b,c):                          # 所有形参都是位置参数
        print(a,b,c)
        return a+b+c

>>> add(2,3,4)                               # 调用add(),实参分别为 2, 3, 4
2 3 4
9
>>> add(2,4,3)
2 4 3
9
>>> add(1,2,3,4)                             # 实参与形参数量不同,出错
Traceback (most recent call last):
  File "<pyshell#27>", line 1, in <module>
    add(1,2,3,4)
TypeError: add() takes 3 positional arguments but 4 were given
```

这段代码展示了一个简单的Python函数add()，它接收三个位置参数a、b和c，然后打印这三个参数的值，并返回它们的和。当函数调用时实参数量与函数定义中的形参数量不匹配时，程序将抛出异常并终止执行。

5.2.3 可选参数传递

可选参数的传递是一种灵活且方便的函数调用机制。在调用函数时是否为默认参数传递实参是可选的，具有较大的灵活性。

可选参数是在函数定义时指定的，当函数被调用时，如果没有传入对应的参数值，就会使用函数定义时的可选参数的默认值替代，函数定义时的语法格式如下：

```
def <函数名>(<必选参数列表>,<可选参数>=<默认值>):
    <函数体>
    return <返回值列表>
```

注意： 可选参数一般都放置在必选参数的后面，即定义函数时，先给出所有必选参数，然后再分别列出每个可选参数及对应的默认值，否则会提示语法错误。

示例代码如下：

```
>>> def greet(name, prefix="Hello, "):
        print(prefix+name)
>>> greet("Mike")
Hello, Mike
>>> greet("Jone",prefix="Hi,")
Hi,Jone
```

这段代码定义了一个greet()函数，该函数接收两个参数：name 和 prefix。其中，name 是一个必选参数，而prefix是一个可选参数，具有默认值 "Hello, "。在greet()函数内部，print语句输出由prefix和name拼接而成的字符串。代码中有两种调用greet()函数的方式：

（1）只传递name参数（如greet("Mike")），此时prefix参数使用其默认值"Hello,"，因此输出为"Hello,Mike"。

（2）同时传递name和prefix参数（如greet("Jone",prefix="Hi,")），此时 prefix 参数使用传递的值"Hi,"，因此输出为"Hi,Jone"。

这段代码展示了如何在 Python 中使用可选参数（通过为参数提供默认值）来增加函数的灵活性和可重用性。

5.2.4 参数名称传递

参数名称的传递通常指的是在函数调用时，通过指定参数的名称传递对应的值，其语法格式如下：

```
<函数名>(<参数名> = <实际值>)
```

示例代码如下：

```
>>> def greet(name, prefix="Hello, "):
        print(prefix+name)
```

```
>>> greet(name="Mike")
Hello, Mike
>>> greet(prefix="Hi,",name="Mike")
Hi,Mike
```

这段代码定义了一个greet()函数，该函数接收两个参数：name和prefix。其中，name是一个必选参数，而prefix是一个可选参数，具有默认值"Hello,"。在greet()函数内部，print语句输出由prefix和name 拼接而成的字符串。在调用函数时，可以显式地指定每个参数的名称，这样可以让代码更加清晰易读，同时也解决了参数顺序的问题。代码中有两种调用greet()函数的方式：

（1）只指定name参数的名称（如 greet(name="Mike")），此时prefix参数使用其默认值"Hello,"，因此输出为 "Hello, Mike"。

（2）同时指定prefix和name参数的名称（如greet(prefix="Hi,", name="Mike")），此时函数使用通过名称传递的具体参数值，因此输出为 "Hi,Mike"。

由上例可知，采用参数名称传递的方式，参数之间的顺序可以任意调整，但需要对每个必要参数赋予实际值。

5.2.5 可变长度参数的传递

可变长度参数的传递指的是在函数调用时，可以传递不定数量的参数。Python提供了两种形式*args和**kwargs，这两种形式在函数定义时使用，使用这两种形式就意味着允许接收不确定数量的实际参数，并在函数体内部访问这些参数。

（1）*args (一个星号）：将多个参数收集到一个"元组"对象中。示例代码如下：

```
>>> def exap(*p):
    print(p)

>>> exap(5,6,7)
(5, 6, 7)
>>> exap(5,6,7,8)
(5, 6, 7, 8)
```

这段代码定义了一个exap()函数，它接收任意数量的位置参数。通过使用星号 * 前缀来定义参数 p，函数能够接收任意长度的参数列表，并将这些参数作为一个元组（tuple）来处理。在函数内部，print(p)语句简单地打印出传入的参数列表（实际上是一个元组）。

示例中展示了两种调用exap()函数的方式：

① 传递三个参数（如 exap(5, 6, 7)）：函数接收到这些参数并将它们作为元组 (5, 6, 7) 打印出来。

② 传递四个参数（如 exap(5, 6, 7, 8)）：同样地，函数将这些参数作为元组 (5, 6, 7, 8) 打印出来。

在实际代码中，*args 是更常见的命名约定，但这里使用了*p，原理是一样的。

由以上可知，这种方式在处理不确定数量的输入时是非常有用的。

（2）**kwargs (两个星号）：将多个参数收集到一个"字典"对象中。示例代码如下：

```
>>> def exap(**p):
```

```
        for item in p.items():
            print(item)

>>> exap(x=5,y=6,z=7)
('z', 7)
('x', 5)
('y', 6)
```

这段代码定义了一个exap()函数,它接收任意数量的关键字参数。通过使用双星号 ** 前缀来定义参数 p,函数能够接收任意数量的命名参数,并将这些参数作为一个字典(dictionary)来处理。在函数内部,for item in p.items(): 循环遍历字典 p 中的每一对键值(key-value)对,并使用 print(item) 语句将它们打印出来。这里打印出的每一项是一个包含两个元素的元组(tuple),第一个元素是键(key),第二个元素是对应的值(value)。

示例中展示了如何调用exap()函数并传递三个关键字参数:x=5, y=6, z=7。函数接收这些参数并将它们作为字典项进行遍历,然后打印出每一对键值对。需要注意的是,字典在Python中是无序的,所以打印出的顺序可能与参数传递的顺序不同。在实际代码中, **kwargs 是更常见的命名约定,但这里使用了**p,原理是一样的。这种方式在处理用户提供的配置选项、属性设置等场景时非常有用。

这两种形式参数传递,使用者可以轻松地处理不同数量参数的函数,而无须为每一个可能的参数组合编写不同的函数,但需要确保函数调用时传递的参数与函数内部处理这些参数的方式相匹配,以避免可能的错误或混淆。

5.3 函数的递归调用

在Python程序设计中,函数的递归调用是一种强大而灵活的编程技术。通过允许函数在其定义中调用自身,可以解决许多复杂的问题,并且可以以更加简洁和直观的方式表达某些算法。

5.3.1 递归的定义

递归指的是在函数的定义中,函数直接或间接地调用自身的过程。这种自我调用机制使得函数能够在处理问题的过程中逐步推进,直到满足递归终止条件。递归调用通常涉及一个或多个参数的变化,以便逐步接近终止条件,从而确保递归能够在有限步骤内停止。

在递归中,"基例"和"链条"是两个重要的概念。

基例(base case):基例是一个或多个不需要再次递归的情况或条件,又称递归终止条件。它是递归函数中最简单或最小规模的实例,可以直接求解而无须进一步递归。基例的存在确保了递归调用不会无限循环,当递归调用到达基例时,递归将停止并返回结果。

链条(recursive chain):链条指的是递归调用中的一系列函数调用。在递归函数中,当一个函数调用自身时,就形成了一个递归链条。每个递归调用都会创建一个新的函数实例,并在堆栈中保存当前函数的状态。当递归调用到达基例时,递归链条开始逐步返回结果,直到最终得到原始问题的解。

在设计和实现递归函数时,需要考虑基例和链条的定义和处理。确保基例能够正确终止递归,并避免无限循环或栈溢出等问题。同时,也需要注意递归链条的效率和性能,避免过多的递归调用导致性能下降。

5.3.2 递归的使用

递归的实现和使用涉及以下几个步骤:

(1)定义递归函数:首先,需要定义一个递归函数,该函数应该包含两个基本组成部分:基例和递归规则。基例是函数的最简单情况,可以直接求解而无须进一步递归。递归规则则定义了函数在更复杂情况下如何调用自身逐步接近基例。

(2)确定输入参数:确定递归函数需要接收的参数,这些参数应该能够描述问题的状态或规模。输入参数的选择对于递归实现的有效性至关重要。

(3)实现基例:在递归函数中,首先检查当前问题是否满足基例的条件。如果满足,则直接返回基例的解,无须进一步递归。

(4)实现递归规则:如果当前问题不满足基例的条件,则需要应用递归规则。这通常涉及将问题分解为更小规模的子问题,并通过递归调用自身解决这些子问题。递归规则应该逐步推进到基例,以确保递归能够终止。

(5)合并子问题的解:在递归调用返回后,需要将子问题的解合并以形成原始问题的解。这通常涉及一些计算或数据处理步骤,以便从子问题的解推导出原始问题的解。

下面是一个使用Python实现递归的示例,计算一个数的阶乘,示例代码如下:

```
def factorial(n):
    # 基例
    if n == 0:
        return 1
    # 递归规则
    else:
        return n * factorial(n-1)
```

在这个特定的例子中,factorial()函数计算一个非负整数n的阶乘。基例是n== 0,此时函数返回1。这是因为0的阶乘被定义为1。递归规则是n * factorial(n-1)。这意味着为了计算n的阶乘,需要先计算(n-1)的阶乘,然后将这两个数相乘。

递归的工作方式是先一直深入到底层的基例,然后逐层返回,每个返回层都会根据递归规则进行计算。例如,在计算factorial(3)时,函数会先调用factorial(2),后者又会调用 factorial(1),最后调用factorial(0)。在 factorial(0)返回1之后,各个递归调用开始逐层返回并计算结果:factorial(1)返回1 * 1 = 1,factorial(2)返回2 * 1 = 2,最终factorial(3)返回3 * 2 = 6。

使用递归时需要注意以下几点:

(1)确保基例条件的正确性:基例条件应该能够正确终止递归,并返回正确的解。否则,递归可能无限循环或无法得出正确的结果。

(2)注意递归深度:递归调用会创建函数实例并在堆栈中保存状态,如果递归深度过大,可能导致栈溢出或性能下降。因此,在设计递归算法时需要注意控制递归的深度和复杂度。

5.3.3 递归举例

【例5.1】求斐波那契数列第n项的值，n由用户输入。

程序分析：用户输入n，输出为斐波那契数列第n项的值，斐波那契数列是一个常见的递归问题，它的定义如下：$F(1) = 0$，$F(2) = 1$，$F(n) = F(n-1) + F(n-2)$（$n \geq 3$）。以下是使用递归计算斐波那契数列的Python代码：

```python
def fibonacci(n):
    if n <= 0:
        return "输入错误！n 必须为正整数。"
    elif n == 1:
        return 0
    elif n == 2:
        return 1
    else:
        return fibonacci(n - 1) + fibonacci(n - 2)

n = int(input("请输入 n 的值（n 为正整数）:"))
print("斐波那契数列第 {} 项为:{}".format(n, fibonacci(n)))
```

运行结果：

```
请输入 n 的值（n 为正整数）: 6
斐波那契数列第 6 项为: 5
```

在这个例子中，递归的基例是：n等于1时，返回值为0，n等于2时，返回值为1。递归的规则是：$n>2$时，fibonacci(n-1) + fibonacci(n-2)，这就是递归的核心部分，函数通过不断减小n的值，最终会到达基础情况，从而开始逐步返回结果。

需要注意的是，这种递归实现方式虽然简洁易懂，但对于较大的n值来说效率非常低，因为它会进行大量的重复计算。在实际应用中，通常会使用更高效的算法，如迭代法或带有记忆功能的递归（即动态规划）。

【例5.2】字符串处理——字符串的全排列。

程序分析：全排列是将一个字符串的所有字符重新排列，得到所有可能的排列组合。通过递归调用，可以实现字符串的全排列。以下是一个使用递归实现字符串全排列的示例代码：

```python
def permute(s, l, r):
    if l == r:
        print(''.join(s))
    else:
        for i in range(l, r + 1):
            s[l], s[i] = s[i], s[l]         # 交换字符
            permute(s, l + 1, r)            # 递归调用，处理剩余部分的排列
            s[l], s[i] = s[i], s[l]         # 回溯，撤销交换
```

```
# 测试全排列函数
string = "ABC"
n = len(string)
s = list(string)
permute(s, 0, n - 1)
```

运行结果:

```
ABC
ACB
BAC
BCA
CBA
CAB
```

permute(s, l, r)是一个递归函数,其中s是待排列的字符列表,l和r分别表示当前正在处理的子列表的左右边界索引。当l等于r时,说明当前子列表只包含一个元素,此时已经得到了一个完整的排列,因此直接输出该排列,这就是我们设计的递归终止条件。递归过程是当l小于r时,函数通过一个循环遍历当前子列表中的所有元素(从l到r),并在每次循环中执行以下操作:

(1)将当前元素(索引为i)与子列表的第一个元素(索引为l)交换位置。

(2)递归调用permute()函数处理剩余部分的排列(即固定了第一个元素后,对剩余的子列表进行全排列)。

(3)回溯:撤销先前的交换操作,将字符恢复到它们原来的位置。这是为了在下一次循环中能够正确地处理其他可能的排列。

在例5.2中,递归起到了关键作用,它允许函数在固定了某个位置的字符后,继续处理剩余部分的排列,从而生成所有可能的组合。

5.4 变量的作用域

变量的作用域是指变量在代码中的有效范围或可见性。它定义了变量在何处可以被访问和操作。根据程序中变量所在的位置和作用范围,变量分为局部变量和全局变量。局部变量作用域在函数内部,全局变量的作用域可以跨越多个函数。

5.4.1 局部变量

局部变量指在函数内部定义的变量,仅在函数内部有效,当函数退出时变量将不再存在。示例代码如下:

```
def my_function():
    x=1010                          #局部变量
    print(x)
print(my_function())
```

```
        print(x)                               # 引发错误，因为 x 作用范围已结束
```

其运行结果如下：

```
1010
None
Traceback (most recent call last):
  File "/局部变量.py", line 5, in <module>
    print(x)
NameError: name 'x' is not defined
```

上例中，x为局部变量，其作用范围仅在my_function()函数内部，一旦调用结束，x也就不存在了，因此，当在my_function()函数外部使用x时，系统会认为它是一个从来没出现过的变量，因为没被定义，所以出错。另外，由于my_function()函数无return语句，所以my_function()函数的返回值为None。

5.4.2 全局变量

全局变量指在函数外部定义的变量。在这里需要补充一点的是，不管是局部变量还是全局变量，其作用域都是从定义的位置开始的，在此之前无法访问。全局变量在函数内部使用时，需要提前使用保留字global声明，否则会自动创建新的局部变量。其语法格式如下：

```
global <全局变量>
```

示例代码如下：

```
>>> def exap():
        global x                               # 创建全局变量x
        x=3
        y=4
        print(x,y)
>>> x=5                                        # 在函数外部定义了全局变量x
>>> x
5
>>> exap()                                     # 调用函数，此次调用给全局变量x重新赋值为3
3 4
>>> x                                          # x是全局变量，最后赋值为3，所以值为3
3
>>> y                                          # y是函数内的局部变量，已不存在
Traceback (most recent call last):
  File "<pyshell#66>", line 1, in <module>
    y
NameError: name 'y' is not defined
```

如果全局变量与局部变量具有相同的名字，那么局部变量会在自己的作用域内覆盖同名的全局变量。示例代码如下：

```
>>> def exap():
```

```
        x=10                    # 此处为局部变量x
        print(x)
>>> x=8                         # 此处为全局变量x
>>> x
8
>>> exap()                      # 调用函数后，输出的是局部变量x的值
10
>>> x                           # 函数调用结束后，不影响全局变量x的值
8
```

5.5 精选案例

【例5.3】编写程序，输入任意两个整数，求其最大公约数和最小公倍数，其中要求最大公约数和最小公倍数用函数完成，且返回值为一个元组，元组中第一个元素为最大公约数，第二个元素为最小公倍数。

程序分析：求最大公约数一般用欧几里得辗转相除法，具体做法是：用较大数除以较小数，再用出现的余数去除除数，如此反复，直到最后余数为0。最后的除数就是这两个数的最大公约数，求得了最大公约数，最小公倍数为两数之积除以最大公约数。完整程序如下所示：

```
def gcd_lcm(a, b):
    p=a*b
    while a%b!=0:
        a,b=b,a%b
    return(b,p//b)
x=eval(input("请输入第一个正整数:"))
y=eval(input("请输入第二个正整数:"))
m,n=gcd_lcm(x,y)
print("{}和{}的最大公约数为:{},最小公倍数为:{}".format(x,y,m,n))
```

事实上，求最大公约数的函数，在标准库math和fractions中都有提供，其函数名为gcd()，所以其实也可以直接使用，以上代码也可以写成：

```
def gcd_lcm(a, b):
    import math
    c=math.gcd(a,b)
    return (c,(a*b)//c)
x=eval(input("请输入第一个正整数:"))
y=eval(input("请输入第二个正整数:"))
m,n=gcd_lcm(x,y)
print("{}和{}的最大公约数为:{},最小公倍数为:{}".format(x,y,m,n))
```

Python中有许多常用的标准库，如前面介绍过的turtle库、random库，还有本例中提到的math库，主

要提供数学函数和常数：如求平方根、三角函数、阶乘等，以及fractions库，主要提供对有理数的精确支持，特别是对分数的相关操作。还有后面章节中介绍的time库，主要用于对时间的处理。我们在学习的过程中多积累这些标准库，多了解其功能，可以大大简化编程。

【例5.4】做一个有动态效果的生日贺卡，如图5.1所示。

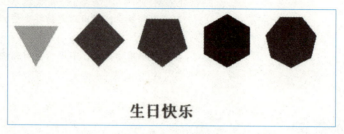

图 5.1　生日贺卡

程序分析：此贺卡的动态效果可以用turtle库的绘制过程显现出来，图形分别是三边形、四边形、五边形、六边形、七边形。可以将绘制n边形设计成一个函数draw_polygon(n)，函数的参数为n，如果参数为3，则绘制三角形，参数为4，则绘制四边形。填充色随机出现，所以要用到random库，其完整程序如下：

```python
import turtle as t
import random as r
def draw_polygon(n):
    t.pd()
    t.begin_fill()
    t.color((r.random(),r.random(),r.random()))
    t.circle(40,steps=n)
    t.end_fill()
t.up()
t.fd(-200)
for i in range(3,8):
    draw_polygon(i)
    t.up()
    t.fd(100)
t.goto(-50,-80)
t.color("green")
t.pd()
t.write("生日快乐",font=("宋体",18,"bold"))
t.hideturtle()
t.done()
```

【例5.5】编写程序，实现随机地出10道四则运算题，限时1 min内答题，并给出分数和答案。

程序分析：首先需要产生随机的10道题目，因此可以设计一个随机生成10道题目的函数，很显然需要用到随机函数库random。当题目出给用户后，需要与用户进行交互，获取用户的输入，并判断用户输入的答案正确与否，也需要将此部分设计为一个函数。接下来，需要统计用户10道题目完成后的分数，将此部分也设计为一个函数。最后主程序部分主要完成时间的统计，因此需要用到time库。完整的程序如下所示：

```python
import random
import time

def random_int(start, end):                              # 生成随机整数
    return random.randint(start, end)

def random_operator():                                   # 生成随机运算符
    return random.choice(['+', '-', '*', '/'])

def generate_question():                                 # 生成四则运算题目
    a = random_int(1, 20)
    b = random_int(1, 20)
    operator = random_operator()
    if operator == '+':
        question = "{} {} {} = ".format(a, operator, b)
        answer = a + b
    elif operator == '-':
        question = "{} {} {} = ".format(a, operator, b)
        answer = a - b
    elif operator == '*':
        question = "{} {} {} = ".format(a, operator, b)
        answer = a * b
    else:
        question = "{} {} {}  = ".format(a, operator, b, )
        answer = int(a / b)
    return question, answer

def test_answer(question, answer, user_answer):          # 对用户答案进行判断
    # 因为浮点数运算可能存在精度问题，这里使用一个很小的误差范围
    if abs(user_answer - answer) < 0.0001:
        print("{} 回答正确".format(question))
        return True
    else:
        print("{} 回答错误，正确答案为 {}".format(question, answer))
        return False

def exam():                                              # 统计得分
    score = 0
    for i in range(10):
```

```
            question, answer = generate_question()
            print(question, end=' ', flush=True)
            user_answer = float(input())
            if test_answer(question, answer, user_answer):
                score += 1
        print("考试结束,您的得分为 {} / 10".format(score))

print("考试开始,您有1分钟时间回答10道题目,除法只回答整数值:")        # 主程序开始
start_time = time.time()
exam()
end_time = time.time()
elapsed_time = end_time - start_time
if elapsed_time > 60:
    print("考试时间超过1分钟,自动提交答案")
else:
    print("考试用时 {:.2f} 秒".format(elapsed_time))
```

小结

通过本章的学习,我们掌握了 Python 中函数的基本用法,包括函数的定义、调用、返回值以及 lambda 函数的使用。同时,我们也深入理解了函数的参数传递机制,包括形参和实参、位置参数传递、可选参数传递、参数名称传递以及可变长度参数的传递。此外,我们还学习了变量的作用域概念,包括局部变量和全局变量的使用。通过精选案例的学习,我们进一步理解了函数在实际问题中的应用。掌握这些知识将使我们能够编写出更加高效、可维护的代码。

函数的学习过程,就像我们人生的成长过程。每个函数都有自己的定义、调用和返回值,正如我们每个人都有自己的使命、责任和成就。通过学习函数,我们学会了如何封装复杂的逻辑、如何处理各种参数传递、如何合理利用变量的作用域。这些经验,同样可以运用到我们的人生中,帮助我们更好地处理复杂问题、担当社会责任和实现个人价值。

习题

一、选择题

1. 以下( )不是函数定义时必需的元素。
   A. 函数名　　　　B. 参数列表　　　　C. 函数体　　　　D. 返回值类型
2. 在 Python 中,( )关键字用于定义一个函数。
   A. func　　　　　B. define　　　　　C. def　　　　　　D. lambda
3. 函数内部使用的参数是( )参数。
   A. 全局参数　　　B. 局部变量　　　　C. 形参　　　　　D. 实参
4. 当调用一个函数时,传递给函数的参数是( )参数。

A. 形参　　　　B. 实参　　　　C. 局部变量　　　　D. 全局变量

5. 以下是 lambda 函数的是（　　）。
   A. def func(a, b): return a + b　　　　B. (lambda a, b: a + b)(1, 2)
   C. def func(*args):　　　　D. def func(**kwargs):

6. 以下函数定义可以接收不定数量的位置参数的是（　　）。
   A. def func(a, b):　　　　B. def func(*args):
   C. def func(a=1, b=2):　　　　D. def func(**kwargs):

7. 在函数内部，不使用任何关键字直接赋值的变量是（　　）。
   A. 全局变量　　　B. 局部变量　　　C. 类变量　　　D. 实例变量

8. 当一个函数需要返回多个值时，可以采用（　　）。
   A. 使用逗号分隔多个 return 语句
   B. 使用一个列表或元组包装多个值，然后返回该列表或元组
   C. 使用全局变量存储多个值，然后在函数外部获取这些值
   D. 使用参数传递的方式返回多个值

9. 以下是参数名称传递的是（　　）。
   A. func(1, 2)　　B. func(a=1, b=2)　　C. func(*[1, 2])　　D. func(**{'a': 1, 'b': 2})

10. 以下是位置参数的是（　　）。
    A. def func(a, b):　　B. def func(a=1, b=2):　　C. def func(*args):　　D. def func(**kwargs):

11. 以下代码片段的输出结果是（　　）。
```
def greet(name):
    return "Hello, " + name
print(greet("Alice"))
```
   A. Hello, greet　　B. Hello, Alice　　C. greet, Alice　　D. Alice, Hello

12. 以下代码片段的输出结果是（　　）。
```
def add(a, b):
    return a + b
print(add(2, 3))
```
   A. 1　　B. 2　　C. 3　　D. 5

13. 以下代码片段中函数的功能是（　　）。
```
def repeat_string(s, n):
    return s * n
```
   A. 将字符串 s 重复 n 次
   B. 将字符串 s 与整数 n 拼接起来
   C. 将字符串 s 分割成 n 个字符并返回列表
   D. 将字符串 s 中的每个字符重复 n 次

14. 以下代码片段的输出结果是（   ）。

```
def func(x):
    if x > 0:
        return "Positive"
    elif x == 0:
        return "Zero"
    else:
        return "Negative"
print(func(-5))
```

  A. Positive   B. Zero   C. Negative   D. None

15. 以下代码的输出是（   ）。

```
def show_message(message):
    print("Message: " + message)
    return message.upper()
result = show_message("hello")
print(result)
```

  A. hello   B. HELLO   C. Message: hello   D. Message: HELLO

16. 以下代码的输出是（   ）。

```
x = 10
def test():
    global x
    x = x * 2
    print(x)
    return x
test()
print(x)
```

  A. 10 10   B. 20 20   C. None   D. 错误

17. 下列能正确描述 lambda 函数的是（   ）。

  A. 它是一个匿名函数，可以有任意数量的参数

  B. 它是一个命名函数，只能有一个表达式

  C. 它是一个命名函数，可以有任意数量的参数

  D. 它是一个匿名函数，只能有一个表达式

18. 以下代码的输出是（   ）。

```
def func(a, b=2, c=3):
    return a + b + c
print(func(1, c=5))
```

  A. 6   B. 7   C. 8   D. 11

19. 以下代码的输出是（　　）。

```
def func():
    x = 10
    def inner():
        x = 5
        print("Inner:", x)
    inner()
    print("Outer:", x)
func()
```

  A. Inner: 5, Outer: 5   B. Inner: 10, Outer: 10

  C. Inner: 5, Outer: 10   D. 错误

20. 以下代码的输出是（　　）。

```
def add_numbers(x, y):
    return x + y
result = add_numbers(lambda a: a * 2, 5)
print(result)
```

  A. 5   B. 10   C. <function>   D. 错误

二、编程题

1. 编写程序，用户任意输入两个数 x 和 y，输出为 x^y。要求：定义一个函数，接收两个数字作为参数，返回第一个数字的第二个数字次幂的结果。

2. 编写代码，用随机函数产生一个有 10 个整数的列表，输出列表中的偶数。要求：函数接收一个数字列表作为参数，并返回其中的所有偶数。

3. 编写程序，用户输入一个数，计算其平方根。要求：使用 lambda 函数计算一个数字的平方根。

4. 编写程序，用户任意输入一个十进制整数，转化成二进制数输出。要求：函数接收一个十进制数作为输入，并返回该数的二进制表示形式，如 10 应返回"1010"。

第 6 章
Python 组合数据类型

视频
组合数据类型

前面章节中对 Python 单一的数据类型（布尔型、整型、浮点类型）做了介绍，但在日常生活中使用的网站、移动应用等应用中存在大量同时处理多个数据的情况，需要对多个数据进行有效组织并统一管理，这种能够表示多个数据的类型称为组合数据类型。鉴于此，应用的组合数据必须采取一定的数据结构存储。数据结构的类型规定了数据存储时所需的基本单位，其重要性如同欧式几何公理之于欧式空间。

Python 中的绝大部分数据结构可以被最终分解为三种类型：集合（set）、序列（sequence）、映射（mapping）。

本章知识导图

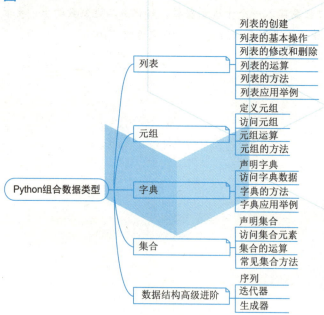

学习目标

➢ 了解Python中常见的几种组合数据类型列表、元组、集合、字典
➢ 熟悉列表、元组、集合、字典的应用场景
➢ 掌握组合数据类型列表、元组、集合、字典的创建、计算、方法及高级应用,能够在程序实践中灵活运用
➢ 掌握本章提供的案例,学会分析实际编程场景使用何种组合数据类型,并使用相应组合数据类型的特征合理编程实现

6.1 列表

大部分编程语言中都有数组的概念,数组中元素的数据类型必须相同。Python中没有数组的概念,Python列表可看作一种增强版的数组。

在Python中,列表是由一系列元素按特定顺序构成的数据序列,这样就意味着定义一个列表类型的变量,可以保存多个数据,而且允许有重复的数据。与前面章节讲到的字符串类型一样,列表也是一种结构化的、非标量类型数据,操作一个列表类型的变量,除了可以使用运算符还可以使用它的方法。Python列表有如下特点:

(1)列表中的元素可以是任意类型的数据。
(2)可使用下标和切片访问列表内容。
(3)可在列表的任意位置插入和删除元素。
(4)使用列表时,无须关注列表的容量问题,Python会在需要时自动扩容和缩容。

6.1.1 列表的创建

列表是一种有序序列,类似于其他语言中的数组元素按照顺序进行排列。列表的所有元素都位于一个方括号内,元素之间使用逗号隔开。列表主要由以下几种方法创建。

1. 使用方括号直接创建

Python中的列表使用中括号[]表示,例如:

```
>>> l = []                              #一个空列表
>>> l = ['a','bc', 1, 2.5, True]        #列表元素可以是任意类型
>>> type(l)
<class'list'>
```

如果方括号中为空,表示创建一个空列表;列表中的元素可以是任意数据类型,也可以是列表高级数据类型。实例如下:

```
L1=['a','bc', 1, 2.5, [1,2,3]]
Print(L1)
```

运行结果如下:

```
['a','bc', 1, 2.5, [1,2,3]]
```

2. 使用函数创建

Python中提供了list函数用于创建列表。语法格式如下：

```
变量=list([ 对象 ])
```

其中对象属于可选项，如果缺少对象就会创建一个空列表。例如：

```
L2 =list( ['a','bc', 1, 2.5,])
print(L2)
```

运行结果如下：

```
['a','bc', 1, 2.5]
```

3. 使用列表推导式创建

列表生成式又称列表推导式，用于从一个可迭代对象生成一个列表，它是一种代码简写形式，其优点是代码简洁优雅。

（1）简单列表生成式语法。最简单的列表生成式的语法如图6.1所示。

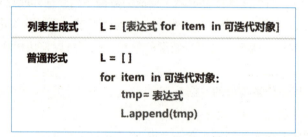

图6.1 最简单的列表生成式的语法图

列表生成式由三部分组成：

① 列表符号：中括号[]。
② 表达式：用于生成新列表中的每个元素，一般与item有关，也可无关。
③ for 循环：用于迭代原始可迭代对象。

例如，有一个列表[1,3,5]，想求其中每个元素的平方，再将结果放入列表中，最终的结果是[1,9,25]。如果是一般的方式，写出来的代码如下：

```
l = [1,3,5]
l2 = []
for i in l:
    item = i * i
    l2.append(item)
print(l2)
```

如果用列表生成式的方式，代码如下：

```
l = [1,3,5]
l2 = [i * i for i in l]
print(l2)
```

（2）带if的列表生成式。列表生成式中也可以有if判断，当判断条件成立时，才会执行表达式，并将该表达式的结果更新到新的列表中。这里的if判断没有else部分，判断条件一般与item有关。带if的列表生成式如图6.2所示。

列表生成式	L = [表达式 for item in 可迭代对象 if 判断条件]

普通形式	L = []
	for item in 可迭代对象:
	    if 判断条件:
	        tmp= 表达式
	        L.append(tmp)

图 6.2　带 if 的列表生成式图

示例：

```
l = [1,3,5]
# 只有当 l 中的元素大于 1 时，才计算平方
l2 = [i * i for i in l if i > 1]
print(l2)
```

4. 通过range()函数迭代生成列表

在Python 3.x 中，range()函数有两种参数形式。

作用：生成一个从start到stop的，步长为step的，可迭代的整数序列，该序列包含start，不包含stop，即遵循左开右闭原则。

```
range(start,stop[,step]) -> range object
```

参数：当只有stop参数时，该序列从0开始到stop，步长为1；

当有start和stop参数时，该序列从start开始到stop，步长为1；

当有step参数时，步长为step。

返回值：一个range对象。

可以使用列表生成式查看range中的内容：

```
>>> [i for i in range(5)]                #从 0 ~ 5
[0,1,2,3,4]
>>> [i for i in range(1,5)]              #从 1 ~ 5
[1,2,3,4]
>>> [i for i in range(1,5,2)]            #步长为 2
[1,3]
```

6.1.2　列表的基本操作

1. 访问列表元素

可以像访问字符串一样，使用下标访问列表元素，列表的下标从0开始，假设列表的长度为n，则访

问下标是从0～n-1。例如：

```
>>> l = ['a','bc',1,2.5,True]
>>> l[0]                    # 访问第 1 个元素
'a'
>>> l[4]                    # 访问第 5 个元素
True
>>> l[5]                    # 超出范围，抛出异常
Traceback (most recent call last):
  File "<stdin>",line 1,in <module>
IndexError: list index out of range
```

列表也可以通过负数下标进行倒叙访问，下标-1表示倒数第1个元素，-2表示倒数第2个元素，依此类推，假设列表的长度为n，那么第一个元素是-n。

```
>>> l[-1]                   # 访问倒数第 1 个元素
True
>>> l[-5]                   # 访问倒数第 5 个元素
'a'
>>> l[-6]                   # 超出范围，抛出异常
Traceback (most recent call last):
  File"<stdin>",line 1,in <module>
IndexError: list index out of range
```

2. 访问列表部分元素

同样可以像截取字符串一样截取部分列表元素，语法格式如下：

```
l[m:n]
```

其中，l是一个列表，m和n可以是任意的整数。l[m:n] 代表的含义是：获取列表l下标m～n之间的列表元素，截取部分列表元素包含l[m]，而不包含l[n]，即遵循左闭右开原则。

```
>>> l = ['a','bc',1, 2.5,True]
>>> l[1:3]
['bc',1]
>>> l[1:]
['bc',1, 2.5, True]
>>> l[:4]
['a','bc', 1, 2.5]
>>> l[:]
['a','bc',1,2.5,True]
```

3. 遍历列表

可使用for循环遍历列表。例如：

```
l = ['a','bc',1, 2.5, True]
for item in l:
    print(item)
```

以上代码的输出结果如下:

```
a
bc
1
2.5
True
```

6.1.3 列表的修改和删除

1. 修改列表元素

可以使用下标和赋值语句修改列表元素。例如:

```
>>> l = ['a','bc', 1, 2.5, True]
>>> l[0] ='x'              # 第 1 个元素改为 'x'
>>> l[3] = 5               # 第 4 个元素改为 5
>>> l                      # 修改后的列表
['x','bc',1,5,True]
```

2. 删除列表元素

可以使用下标和del关键字删除列表元素。例如:

```
>>> l = ['a','bc',1,2.5,True]
>>> del l[1]               # 删除第 2 个元素
>>> del l[3]               # 删除第 4 个元素
>>> l                      # 删除元素后的列表
['a',1,2.5]
```

6.1.4 列表运算

Python列表可以进行加运算、乘运算、in运算。

1. 列表加运算

一个列表和另一个列表可以相加,得到一个新的列表,例如:

```
>>> l1 = ['a','b','c']
>>> l2 = [1,2,3]
>>> l3 = l1 + l2
>>> l3                     # 新的列表
['a','b','c',1, 2, 3]
```

2. 列表乘运算

一个列表可以乘以一个整数n,当$n \leqslant 0$时,得到一个空列表[];当$n > 0$时,相当于n个列表相加。例如:

```
>>> ['a','b'] * -1
[]
```

```
>>> ['a','b'] * 0
[]
>>> ['a','b'] * 2
['a','b','a','b']
```

3. 列表in运算

可以通过in运算查看一个元素是否存在于列表中，返回一个bool类型：

```
>>> 'a' in ['a','b']
True
>>> 'a' not in ['a','b']
False
```

4. 列表函数

Python中的list是一个class，通过type(列表对象)查看。例如：

```
>>> type([])              # 空列表
<class'list'>
```

6.1.5 列表的方法

1. append()方法

作用：在列表L的尾部追加元素。

原型：L.append(object) -> None

参数：要追加的元素，可以是任意类型。

返回值：总是返回None。

示例：

```
>>> l = [1]              # 初始化一个列表
>>> l.append(2)          # 在尾部追加2
>>> l
[1,2]
>>> l.append(3)          # 在尾部追加3
>>> l
[1,2,3]
```

2. insert()方法

作用：在列表L 的 index 下标之前插入元素object。

原型：L.insert(index,object)

参数 index：插入元素的位置。

参数 object：要插入的元素。

返回值：无返回值。

示例：

```
>>> l = ['a','b','c']                    # 初始化一个列表
```

```
>>> l.insert(1, 'xx')                  # 在列表的下标 1 处插入 'xx'
>>> l
['a','xx','b','c']                     # 插入后，'xx' 下标为 1
>>> l.insert(3,'yy')                   # 在列表的下标 3 处插入 'yy'
>>> l
['a','xx','b','yy','c']                # 插入后，'yy' 的下标为 3
```

3. remove()方法

作用：从表头开始，删除列表L中第一个值为value的元素，如果值为value的元素不存在，则抛出ValueError异常。

原型：L.remove(value) -> None

参数：要删除元素的值。

返回值：总是返回None。

示例：

```
>>> l = ['a','b','b','c']
>>> l.remove('b')                      # 删除第一个值为 'b' 的元素
>>> l
['a','b','c']
>>> l.remove('c')                      # 删除第一个值为 'c' 的元素
>>> l
['a','b']
>>> l.remove('c')                      # 已经不存在值为 'c' 的元素，抛出 ValueError 异常
Traceback (most recent call last):
  File"<stdin>",line 1,in <module>
ValueError: list.remove(x): x not in list
```

4. pop()方法

作用：移除并返回下标为index的元素，下标不存在时，抛出IndexError异常。

原型：L.pop([index]) -> item

参数：要移除元素的下标，可省略，默认为最后一个。

返回值：移除的元素。

示例：

```
>>> l = ['a','b','c']
>>> item = l.pop()                     # 移除最后一个元素
>>> item
'c'
>>> l
['a','b']
>>> l.pop(3)                           # 不存在下标为 3 的元素，抛出异常
Traceback (most recent call last):
```

```
  File"<stdin>",line 1,in <module>
IndexError: pop index out of range
```

5. clear()方法

作用:清空列表L。

原型:L.clear() -> None

参数:无。

返回值:总是返回None。

示例:

```
>>> l = ['a','b','c']
>>> l.clear()
>>> l                                              #列表被清空
[]
```

6. count()方法

作用:计算列表L中值为value的个数。

原型:L.count(value) -> integer

参数:要计算元素的值。

返回值:个数。

示例:

```
>>> l = ['a','b','c','a']
>>> l.count('a')
2
>>> l.count('b')
1
>>> l.count('d')
0
```

7. copy()方法

作用:浅复制列表L,相当于L[:]。

原型:L.copy() -> list

参数:无。

返回值:一个列表。

示例:

```
>>> l = ['a','b','c']
>>> l2 = l.copy()
>>> l2
['a','b','c']
```

8. extend()方法

作用:在列表L尾部追加一个序列iterable。

原型:L.extend(iterable) -> None

参数:iterable 可以是任意一种序列类型。

返回值:总是返回None。

示例:

```
>>> l1 = ['a','b','c']
>>> l2 = ['1','2','3']
>>> l1.extend(l2)
>>> l1
['a','b','c','1','2','3']
```

9. reverse()方法

作用:将列表L翻转。

原型:L.reverse()

参数:无。

返回值:无返回值。

示例:

```
>>> l = ['a','b','c']
>>> l.reverse()
>>> l
['c','b','a']
```

10. sort()方法

作用:对列表L进行排序。

原型:L.sort(key=None,reverse=False) -> None

参数key:key是一个函数类型的参数,该函数接收一个参数item1,并返回一个值item2;sort()方法根据item2进行排序,item1是L中的每个元素;key可省略,默认值为None,表示直接使用L 中的元素进行排序。

参数reverse:reverse为True表示按照降序排序。reverse为False表示按照升序排序;reverse可省略,默认值为False。

返回值:总是返回 None。

key为None示例:

```
>>> l = ['b', 'a', 'd', 'c']        # 一个乱序的列表
>>> l.sort()                         # 升序排序
>>> l
['a', 'b', 'c', 'd']
>>> l.sort(reverse=True)             # 降序排序
>>> l
```

```
['d', 'c', 'b', 'a']
```

key不为None示例:

```
>>> l = [('c', 1), ('b', 2), ('a', 3)]      # 列表的元素是元组类型
>>> def key(item): return item[0]           # 该函数返回元组的第一个元素
>>> l.sort(key=key)                         # 以元组的第一个元素进行排序
>>> l
[('a', 3), ('b', 2), ('c', 1)]
>>> l = [('c', 1), ('b', 2), ('a', 3)]
>>> def key(item): return item[1]           # 该函数返回元组的第二个元素
>>> l.sort(key=key)                         # 以元组的第二个元素进行排序
>>> l
[('c', 1), ('b', 2), ('a', 3)]
```

提示: 一个函数也可以作为参数传递给另一个函数。

11. index()方法

作用:从列表L[start:stip]的表头查找第一个值为value的元素。

原型: L.index(value, [start, [stop]]) -> integer

参数value:查找值为value的元素。

参数start:列表L的起始下标。

参数stop:列表L的终止下标。

返回值:若能找到,则返回该元素的下标,否则,抛出ValueError异常。

```
>>> l = ['a', 'b', 'c']
>>> l.index('b')                            # 找到了,返回下标
1
```

6.1.6 列表应用举例

【例6.1】定义一个列表,并将列表中的头尾两个元素对调。例如,对调前为[1,2,3],对调后为[3,2,1]。程序如下:

```
def swapList(newList):
    size = len(newList)
    temp = newList[0]
    newList[0] = newList[size - 1]
    newList[size - 1] = temp
    return newList
newList = [1, 2, 3]
print(swapList(newList))
```

程序运行结果为:

```
[3, 2, 1]
```

【例6.2】定义一个列表,并将它翻转。程序如下:

```
def Reverse(lst):
    lst.reverse()
    return lst
lst = [10, 11, 12, 13, 14, 15]
print(Reverse(lst))
```

程序运行结果为:

```
[15, 14, 13, 12, 11, 10]
```

【例6.3】定义一个列表,并计算某个元素在列表中出现的次数。程序如下:

```
def countX(lst, x):
    return lst.count(x)
lst = [8, 6, 8, 10, 8, 20, 10, 8, 8]
x = 8
print(countX(lst, x))
```

程序运行结果为:

```
5
```

【例6.4】冒泡排序(bubble sort)也是一种简单直观的排序算法。它重复地走访要排序的数列,一次比较两个元素,如果它们的顺序错误就把它们交换过来。走访数列的工作是重复进行,直到该数列已经排序完成。这个算法的名字由来是因为越小的元素会经由交换慢慢"浮"到数列的顶端。

程序如下:

```
def bubbleSort(arr):
    n = len(arr)
    #遍历所有列表元素
    for i in range(n):
        for j in range(0, n-i-1):
            if arr[j] > arr[j+1] :
                arr[j], arr[j+1] = arr[j+1], arr[j]
arr = [64, 34, 25, 12, 22, 11, 90]
bubbleSort(arr)
print ("排序后的列表:")
for i in range(len(arr)):
    print ("%d" %arr[i])
```

排序后的列表:

```
11
12
22
25
34
```

```
64
90
```

【例6.5】有 n 个人围成一圈，顺序排号。从第一个人开始报数（从1～3报数），凡报到3的人退出圈子，问最后留下的是原来第几号的那位。

程序代码：

```
if __name__ == '__main__':
    nmax = 50
    n = int(raw_input('请输入总人数:'))
    num = []
    for i in range(n):
        num.append(i + 1)
    i = 0
    k = 0
    m = 0
    while m < n - 1:
        if num[i] != 0 : k += 1
        if k == 3:
            num[i] = 0
            k = 0
            m += 1
        i += 1
        if i == n : i = 0
    i = 0
    while num[i] == 0: i += 1
    print num[i]
```

程序结果：

```
请输入总人数:34
10
```

【例6.6】某个公司采用公用电话传递数据，数据是四位的整数，在传递过程中是加密的，加密规则如下：每位数字都加上5，然后用和除以10的余数代替该数字，再将第一位和第四位交换、第二位和第三位交换。

程序代码：

```
from sys import stdout
if __name__ == '__main__':
    a = int(raw_input('输入四个数字:\n'))
    aa = []
    aa.append(a % 10)
    aa.append(a % 100 / 10)
    aa.append(a % 1000 / 100)
    aa.append(a / 1000)
```

```
    for i in range(4):
        aa[i] += 5
        aa[i] %= 10
    for i in range(2):
        aa[i],aa[3 - i] = aa[3 - i],aa[i]
    for i in range(3,-1,-1):
        stdout.write(str(aa[i]))
```

输入四个数字：1234。结果为：

```
9876
```

6.2　元组

Python元组与列表相似，它们之间最显著的不同是，元组一旦定义了以后，就不能再修改（增加/删除其中的元素），而列表可以被任意修改。

Python元组具有如下特点：

（1）元组中的元素可以是任意类型的数据。

（2）可使用下标和切片访问元组内容。

（3）元组一旦定义，不能再被修改。

6.2.1　定义元组

定义列表使用中括号[]，定义元组使用小括号()表示。例如：

```
>>> t = ()                          # 一个空的元组
>>> t
()
>>> t = ('a', 1, 3.5, True)         # 元组中可以存放任意类型
>>> t
('a', 1, 3.5, True)
```

只有一个元素的元组，当定义的元组中只有一个元素时，需要在元素后边加个逗号：

```
>>> t = (1,)
>>> t
(1,)
```

如果没带逗号，则这个小括号()将不会被认为是元组符号：

```
>>> t = (1)                         # 相当于没有带小括号
>>> t
1
>>> t = ('abc')
>>> t
'abc'
```

可以使用len()函数查看一个元组的大小。例如：

```
>>> t = ('a', 'b', 'c')
>>> len(t)                          # 长度为3
3
>>> t = (1, 3)
>>> len(t)                          # 长度为2
2
```

6.2.2 访问元组

可以像访问列表一样，使用下标、切片和for循环访问元组。使用下标访问元组的示例如下：

```
>>> t = ('a', 'b', 'c')
>>> t[0]                            # 访问第一个元素
'a'
>>> t[3]                            # 下标越界
Traceback (most recent call last):
  File "<stdin>", line 1, in <module>
IndexError: tuple index out of range
>>> t[-1]                           # 访问倒数第一个元素
'c'
>>> t[-3]                           # 访问倒数第三个元素
'a'
```

还可以使用切片访问元组。例如：

```
>>> t = ('a', 'b', 'c')
>>> t[1:3]
('b', 'c')
>>> t[2:]
('c',)
>>> t[:3]
('a', 'b', 'c')
>>> t[:]
('a', 'b', 'c')
```

遍历元组。例如：

```
>>> t = ('a', 'b', 'c')
>>> for i in t:
...     print(i)
```

结果：

```
a
b
c
```

注意：元组是不可变类型，不能对一个已定义的元组进行以下操作，否则会抛出异常。

```
>>> t = ('a', 'b', 'c')
>>>                                  # 没有对于元组的添加操作，不用演示
>>> t[0] =1                          # 修改元素，抛出异常
Traceback (most recent call last):
 File "<stdin>", line 1, in <module>
TypeError: 'tuple' object does not support item assignment
>>> del t[1]                         # 删除元素，抛出异常
Traceback (most recent call last):
   File "<stdin>", line 1, in <module>
TypeError: 'tuple' object doesn't support item deletion
```

6.2.3 元组运算

像列表一样，元组也可以进行加运算、乘运算、in运算。

```
>>> ('a', 'b') + (1, 2)              # 加运算，得到一个新的列表
('a', 'b', 1, 2)
>>> ('a', 'b') * 2                   # 乘运算，相当于n个元素相加
('a', 'b', 'a', 'b')
>>> ('a', 'b') * -1                  # n 小于或等于 0 时，得到一个空元组
()
>>> 'a' in ('a', 'b')                # in 运算，判断一个元素是否包含在元组中
True
>>> 'a' not in ('a', 'b')
False
```

6.2.4 元组的方法

元组类型仅支持count()方法和index()方法，且没有任意一个方法用于修改元组。

1. count()方法

作用：计算元组T中值为value的个数。

原型：T.count(value) -> integer

参数：要计算元素的值。

返回值：个数。

示例：

```
>>> t = ['a', 'b', 'c', 'a']
>>> t.count('a')
2
>>> t.count('b')
1
>>> t.count('d')
0
```

2. Index()方法

作用：从元组T[start:stip] 中查找第一个值为value的元素。

原型：T.index(value,[start,[stop]]) -> integer

参数value：查找值为value 的元素。

参数start：元组T的起始下标。

参数stop：元组T的终止下标。

返回值：若能找到，则返回该元素的下标，否则，抛出ValueError异常。

```
>>> t = ['a', 'b', 'c']
>>> t.index('b')                    # 找到了，返回下标
1
>>> l.index('d')                    # 没找到，抛出 ValueError 异常
Traceback (most recent call last):
  File "<stdin>", line 1, in <module>
ValueError: 'd' is not in list
```

6.3 字典

Python字典中的数据以键值对（key:value）的形式存储，字典存储的是一个——对应的映射关系。Python中的字典类型有如下特点：

（1）字典中的键是唯一的、不重复的。

（2）字典中的键可以是任意一种不可变类型，如字符串、数字、元组等。

（3）字典中的值可以是任意一种数据类型。

（4）字典中的数据可以动态地删除/增加/修改。

Python 会在需要的时候自动扩容和缩容，方便开发者使用。

6.3.1 声明字典

Python中的字典使用大括号{}表示，字典中的值以（key:value）的形式存储，注意key、value之间有个冒号。例如：

```
>>> d = {}                          # 一个空字典
```

字典中的键可以是任意一种不可变类型，值可以是任意类型：

```
>>> d = {'name':'jack', 'age':18, 'flag':True}
```

提示：虽然字典中的键可以是任意不可变类型数据，但大部分情况下，只会使用字符串类型。

字典中的键不能是列表等可变类型的数据。例如：

```
>>> l = [1, 2, 3]
>>> d = {l:'123'}                   # 抛出异常
Traceback (most recent call last):
```

```
    File "<stdin>", line 1, in <module>
TypeError: unhashable type: 'list'
```

字典中元素的个数就是字典中键的个数，和列表、元组一样，可以用len()方法查看。例如：

```
>>> d = {'name':'jack', 'age':18, 'flag':True}
>>> len(d)
3
```

6.3.2 访问字典数据

可以使用变量名[键]的格式访问字典中的数据，在这里，键称为索引。例如：

```
>>> d = {'name':'jack', 'age':18, 'flag':True}
>>> d['name']
'jack'
>>> d['age']
18
>>> d['scores']                              # 访问一个不存在的键，会抛出异常
Traceback (most recent call last):
    File "<stdin>", line 1, in <module>
KeyError: 'scores'
```

除了使用索引访问字典之外，还可以使用for循环遍历字典。例如：

```
>>> d = {'name':'jack', 'age':18, 'flag':True}
>>> for key in d:                            #key 是 d 的键，d[key] 是对应的值
...     print('key:%s value:%s' % (key, d[key]))
key:name value:jack
key:age value:18
key:flag value:True
```

上面的方式通过遍历字典中的键key，再通过索引的方式访问值d[key]。字典的修改操作包括添加元素、修改元素和删除元素。使用索引和赋值语句可以向字典中添加和修改元素：

（1）当给字典中一个已存在的键再次赋值，就是修改元素。

（2）当给字典中一个不存在的键赋值，就是添加元素。

示例：

```
>>> d = {'a':1}                # 初始化一个字典
>>> d['b'] = 2                 # 给一个不存在的键赋值，会添加元素
>>> d                          # 字典中多了键值对 'b':2
{'a': 1, 'b': 2}
>>> d['a'] = 3                 # 给一个已存在的键赋值，会修改该键的值
>>> d                          # 键 'a' 的值从原来的 1 变为了 3
{'a': 3, 'b': 2}
```

使用索引和del关键字可以删除字典中的键值对：

```
>>> d = {'a': 3, 'b': 2}
>>> del d['a']
>>> d
{'b': 2}
```

在字典中,可以使用in和not in运算符查看一个键是否存在于字典中。

```
>>> d = {'a':1, 'b':2}
>>> 'a' in d
True
>>> 'a' not in d
False
```

6.3.3 字典的方法

1. get()方法

作用:获取字典D中键k的值D[k]。

原型:

```
D.get(k[,d]) -> D[k]
```

参数 k:要获取的键。

参数 d:当D中不存在k时,返回d,d可省略,默认值为None。

返回值:如果k存在,返回D[k],否则返回d。

示例:

```
>>> d = {'a':1}
>>> d.get('a')                    #d['a']存在
1
>>> b = d.get('b')                #d['b']不存在,返回None
>>> print(b)                      #b为None
None
>>> b = d.get('b', 5)             #d['b']不存在,返回5
>>> print(b)                      #b为5
5
```

2. update()方法

作用:使用E和F更新字典D中的元素。

原型:

```
D.update([E,]**F) -> None
```

参数:E为字典或者其他可迭代类型。

返回值:总是返回None。

示例:

```
>>> d1 = {'a':1, 'c':3}
```

```
>>> d2 = {'a':5, 'b':7}
>>> d1.update(d2)                    # 对于 d2 中的所有键 k, 执行 d1[k] = d2[k]
>>> d1
{'a': 5, 'c': 3, 'b': 7}
>>> d1.update(a=8, d=6)              # 也可以是这种形式的参数
>>> d1
{'a': 8, 'c': 3, 'b': 7, 'd': 6}
```

3. fromkeys()方法

作用：创建一个新字典，该字典以序列iterable中的元素作为键，每个键的值都是value。

原型：

```
dict.fromkeys(iterable,value=None,/)
```

参数 iterable：可以是任意的可迭代类型。

参数 value：新字典中的每个键的值都是value，可省略，默认值为None。

返回值：一个新的字典。示例：

```
>>> dict.fromkeys({'a':1, 'c':3})          # 参数是字典类型
{'a': None, 'c': None}                      # 一个新的字典，每个键的值都是 None
>>> dict.fromkeys({'a':1, 'c':3}, 5)
{'a': 5, 'c': 5}                            # 每个键的值都是 5
>>> dict.fromkeys(['a', 'b'])               # 参数是列表类型
{'a': None, 'b': None}
```

4. Items()方法

作用：将字典D转换成一个可遍历的列表，列表的元素由D中的键值对组成。

原型：

```
D.items() -> dict_items
```

参数：无。

返回值：一个dict_items类型可遍历的列表。

示例：

```
>>> d = {'a':1, 'c':3}
>>> items = d.items()
>>> items                                   # 将 d 中的 key:vale 转成了 (key,value)
dict_items([('a', 1), ('c', 3)])
>>> type(items)                             # 类型为 dict_items
<class 'dict_items'>
```

将dict_items类型理解为一个可遍历的列表即可，列表中的元素是元组类型。该方法常用于遍历字典：

```
>>> d = {'a':1, 'c':3}
>>> for k, v in d.items():
```

```
...     print(k, v)
a 1
c 3
```

5. keys()方法

作用：返回字典D中所有的键。

原型：

```
D.keys() -> dict_keys
```

参数：无。

返回值：一个dict_keys类型可遍历的列表。

示例：将dict_keys类型理解为一个可遍历的列表。

```
>>> d = {'a':1, 'c':3}
>>> keys = d.keys()
>>> keys                           # 提取了d中所有的键
dict_keys(['a', 'c'])
>>> type(keys)
<class 'dict_keys'>
```

6. values()方法

作用：返回字典D中所有的值。

原型：

```
D.values() -> dict_values
```

参数：无。

返回值：一个dict_values类型可遍历的列表。

示例：将dict_values类型理解为一个可遍历的列表。

```
>>> d = {'a':1, 'c':3}
>>> vs = d.values()
>>> vs                             # 提取了d中所有的键
dict_values([1, 3])
>>> type(vs)
<class 'dict_values'>
```

7. pop()方法

作用：删除字典D中的键k，并返回D[k]。

原型：

```
D.pop(k[,d]) -> v
```

参数k：要删除的键。

参数d：若D[k]存在，返回D[k]，若D[k]不存在，则返回d。参数d可省略。

返回值：D[k]存在时，返回D[k]；D[k]不存在，参数d存在时，返回d；

D[k]不存在且参数d不存在,抛出KeyError异常。

当要pop的键存在时示例:

```
>>> d = {'a': 1, 'c': 3}
>>> d.pop('c')                  #d['c'] 存在
3                               # 返回d['c']
>>> d                           # 键 'c' 被删除, 只剩 'a'
{'a': 1}
```

当要pop的键存在时示例:

```
>>> d.pop('c')                  # 键 'c' 不存在, 抛出异常
Traceback (most recent call last):
  File "<stdin>", line 1, in <module>
KeyError: 'c'
>>>
>>> d.pop('c', 5)               # 键 'c' 不存在, 但有第二个参数
5                               # 返回第二个参数
```

8. popitem()方法

作用:删除并返回字典D中的最后一个键值对,顺序是先进后出。

原型:

```
D.popitem()->(k, v)
```

参数:无。

返回值:一个元组类型,D为空时,抛出异常。

关于popitem 的顺序:如果声明字典时,已有元素,按照从左到右的书写顺序,左为前,右为后;当动态地向字典中增加元素时,先加入的为前,后加入的为后。示例,声明字典时,已有元素:

```
>>> d = {'c': 3, 'a':1, 'b':2}
>>> d                           # 顺序为 c,a,b
{'c': 3, 'a': 1, 'b': 2}
>>> d.popitem()                 #pop 出 'b'
('b', 2)
>>> d                           # 还剩 c,a
{'c': 3, 'a': 1}
>>> d.popitem()                 #pop 出 'a'
('a', 1)
>>> d                           # 还剩 'c'
{'c': 3}
```

向字典中添加元素z和x:

```
>>> d['z'] = 6                  # 增加 'z'
>>> d
{'c': 3, 'z': 6}
```

```
>>> d['x'] = 8                    # 再增加 'x'
>>> d                              # 现在的顺序为 c,z,x
{'c': 3, 'z': 6, 'x': 8}
```

再次执行popitem：

```
>>> d.popitem()                   #pop 出 x
('x', 8)
>>> d                              # 还剩 c,z
{'c': 3, 'z': 6}
>>> d.popitem()                   #pop 出 z
('z', 6)
>>> d                              # 还剩 c
{'c': 3}
>>> d.popitem()                   #pop 出 c
('c', 3)
>>> d                              # 字典为空
{}
```

字典为空时，执行popitem，抛出异常：

```
>>> d.popitem()  #抛出异常
Traceback (most recent call last):
  File "<stdin>", line 1, in <module>
KeyError: 'popitem(): dictionary is empty'
```

9. setdefault()方法

作用：设置字典D中键k的值。

当D[k]存在时，不做任何事情，只返回D[k]；当D[k]不存在时，执行D[k]=d，并返回d。

原型：

```
D.setdefault(k[,d]) -> value
```

参数k：要设置的键。

参数d：要设置的值，可省略，默认值为None。

返回值：返回D[k]。

当要设置的键存在时示例：

```
>>> d = {'a':1}
>>> d.setdefault('a')             #d['a']存在，只返回d['a']
1
>>> d                              #d不改变
{'a': 1}
>>> d.setdefault('a', 5)          #d['a']存在，只返回d['a']
1
>>> d                              #d不改变
```

```
{'a': 1}
```

当要设置的键不存在时：

```
>>> i = d.setdefault('b')        #d['b']不存在，没有第二个参数
>>> d                            # 执行d['b']=None
{'a': 1, 'b': None}              # 执行后的结果
>>> print(i)                     # 返回值为 None
None
>> d.setdefault('x',6)           #d['x']不存在，有第二个参数，d['x']=6
6                                # 返回d['x']
>>> d                            #d现在的值
{'a': 1, 'b': None, 'x': 6}
```

10. clear()方法

作用：清空字典D。

原型：

```
D.clear() -> None
```

参数：无。

返回值：总是返回None。

示例：

```
>>> d = {'a': 1, 'b': None, 'x': 6}
>>> d.clear()
>>> d                            #d为空
{}
```

11. copy()方法

作用：浅复制字典D。

原型：

```
D.copy() -> dict
```

参数：无。

返回值：字典D的副本。

示例：

```
>>> d = {'a': 1, 'b': None, 'x': 6}
>>> d1 = d.copy()
>>> d1
{'a': 1, 'b': None, 'x': 6}
```

6.3.4 字典应用举例

【例6.7】给定一个字典，然后按键(key)或值(value)对字典进行排序。程序如下：

```
def dictionairy():                          # 声明字典
    key_value ={}                           # 初始化
    key_value[2] = 56
    key_value[1] = 2
    key_value[5] = 12
    key_value[4] = 24
    key_value[6] = 18
    key_value[3] = 323
    print ("按值(value)排序:")
    print(sorted(key_value.items(), key=lambda kv:(kv[1], kv[0])))
def main():
    dictionairy()
if __name__=="__main__":
    main()
```

按值(value)排序结果为:

```
[(1, 2), (5, 12), (6, 18), (4, 24), (2, 56), (3, 323)]
```

【例6.8】统计某个字符串中每个字符出现的次数。

程序如下所示:

```
Text="hellow,hao are you?Are you feeing good today?"
Words=text.split()
Freq={}
For word in Words:
    If word not in Freq:
        Freq[word]=1
    Else
        Freq[word]+=1
Print(Freq)
```

输出结果为:

```
{'Hello,': 1, 'how': 1, 'are': 2, 'you?': 2, 'Are': 1, 'you': 1, 'feeling': 1, 'good': 1, 'today?': 1}
```

【例6.9】在一个班级中,有若干学生,每个学生有若干门课程的成绩。使用字典计算每个学生的平均成绩。

```
scores = {
    'Tom': {'Math': 80, 'English': 90, 'Science': 85},
    'Mary': {'Math': 90, 'English': 95, 'Science': 92},
    'John': {'Math': 85, 'English': 87, 'Science': 89}
averages = {}
for name in scores:
    total = 0
```

```
        count =0
        for subject in scores[name] :
            total += scores[name ][subject]
            count += 1
        averages[name] = total/count
print( averages)
```

输出结果为：

```
{'Tom': 85.0,'Mary': 92.3333333333333,' John': 87.0}
```

6.4 集合

Python中的set与dict类似，唯一的不同是，dict中保存的是键值对，而set中只保存键，没有值。Python集合具有如下特点：

（1）集合中的元素是唯一的、不重复的。
（2）集合中的元素是无序的。
（3）集合中的元素可以是任意一种不可变类型，如字符串、数字、元组等。
（4）集合中的元素可以动态地增加/删除。

6.4.1 声明集合

Python集合的声明有如下两种方式：

1. 使用set()创建集合

使用Set()创建集合时，()中可为空，也可以是任意可迭代类型，如列表、元组、字典。

2. 使用大括号{}创建集合

从该创建方式上也能看出集合与字典类似。创建空集合时，只能用set()，而不能用{}。

```
>>> s = set()                          # 空集合
>>> s
set()
>>> s = {}                             # 空的 {} 会被解析成字典
>>> s
{}
```

创建非空集合时，可以用set()，也可以用{}：

```
>>> s = {1, 'abc', 1.5}                # 用 {} 创建集合
>>> s
{1, 'abc', 1.5}
>>> s = set([1, 'abc', 1.5])           # 用列表创建集合
>>> s
{1, 'abc', 1.5}
>>> s = set((1, 'abc', 1.5))           # 用元组创建集合
```

```
>>> s
{1, 'abc', 1.5}
>>> s = set({'a':1, 'b':2, 'c':3})          #用字典创建集合
>>> s                                        #只会包含字典中的键
{'c', 'b', 'a'}
```

由于集合中的元素是唯一的,如果初始化时的可迭代数据中有重复元素,则会自动删去重复元素:

```
>>> s = set([1, 2, 2, 3])                   #列表中有两个2
>>> s                                        #集合中只有一个2
{1, 2, 3}
```

使用len()函数可以查看集合中元素的个数:

```
>>> s = set([1, 'abc', 1.5])
>>> s
{1, 'abc', 1.5}
>>> len(s)                                   #元素个数
3
```

6.4.2 访问集合元素

由于Python 集合中的元素是无序的,所以不能使用下标的方式访问集合中的单个元素,可以使用for循环遍历集合中的所有元素:

```
>>> s = set([1, 'abc', 1.5])
>>> for i in s:
...     print(i)
1
abc
1.5
```

6.4.3 集合的运算

用户可以对两个集合进行如下运算:
(1) & 运算:计算集合的交集。
(2) | 运算:计算集合的并集。
(3) in 运算:判断某个元素是否在集合中。
(4) 交集与并集

```
>>> s1 = set([1, 2, 3])
>>> s2 = set([2, 3, 4])
>>> s1 & s2                                  #交集
{2, 3}
>>> s1 | s2                                  #并集
{1, 2, 3, 4}
#in 运算
```

```
>>> s = set([1 , 2, 3])
>>> 1 in s
True
>>> 2 not in s
False
```

6.4.4 常见集合方法

1. add()方法

作用：向集合S中添加元素。

原型：

```
S.add(...) -> None
```

参数：任意不可变类型数据。

返回值：总是返回None。

由于集合中的元素是唯一的，向集合中添加元素时有两种情况：

添加的元素集合中不存在：只要元素类型合法，就会成功添加进去；

添加的元素集合中已存在：不会对集合进行任何操作；

示例：

```
>>> s = set([1, 3, 5])              # 初始化一个集合
>>> s
{1, 3, 5}
>>> s.add(7)                         # 向集合中添加一个不存在的元素
>>> s
{1, 3, 5, 7}
>>> s.add(5)                         # 向集合中添加一个已存在的元素
>>> s
{1,3,5,7}
```

2. remove()方法

作用：删除集合S中的元素。

原型：

```
S.remove(...) -> None
```

参数：任意不可变类型数据。

返回值：当要删除的元素存在时，返回None；否则，抛出异常。

示例：

```
>>> s = set([1, 3, 5])
>>> s
{1, 3, 5}
>>> s.remove(3)                      # 元素3存在
```

```
>>> s                                    # 成功删除
{1, 5}
>>> s.remove(3)                          # 元素 3 已不存在
Traceback (most recent call last):
  File "<stdin>", line 1, in <module>
KeyError: 3                              # 抛出异常
```

3. discard()方法

作用：用于删除集合S中的元素，与remove()方法的不同之处是，如果元素不存在，不会抛出异常。

原型：

```
S.discard(...) ->None
```

参数：任意不可变类型数据。

返回值：总是返回None。

示例：

```
>>> s = set([1, 3, 5, 6])
>>> s.discard(3)                         # 删除一个已存在的元素
>>> s
{1, 5, 6}
>>> s.discard(7)                         # 删除一个不存在的元素
>>> s
{1, 5, 6}
```

4. pop()方法

作用：随机删除并返回集合S中的一个元素。

原型：

```
S.pop() -> item
```

参数：无。

返回值：被删除的元素，如果集合为空，抛出异常。

示例：

```
>>> s = set([3, 5, 1])
>>> s.pop()                              # 删除并返回1
1
>>> s.pop()                              # 删除并返回3
3
>>> s.pop()                              # 删除并返回5
5
>>> s                                    # 集合为空
set()
>>> s.pop()                              # 抛出异常
Traceback (most recent call last):
```

```
  File "<stdin>", line 1, in <module>
KeyError: 'pop from an empty set'
```

5. union()方法

作用:用于合并多个集合,相当于多个集合做并集运算。

原型:

```
set.union(...) -> set
```

参数:任意多个可迭代类型数据。

返回值:返回新的集合。

示例:

```
>>>                              # 参数中有集合、元组、列表
>>> set.union({2, 3}, (3, 5), [5, 6])
{2, 3, 5, 6}
```

6. update()方法

作用:向集合S中添加元素。

原型:

```
S.update(...) -> None
```

参数:任意多个可迭代类型数据。

返回值:总是返回None。

示例:

```
>>> s = set({2})
>>> s
{2}
>>> s.update({3, 5}, {5, 6}, [7, 8])
>>> s
{2, 3, 5, 6, 7, 8}
```

7. clear()方法

作用:清空集合S。

原型:

```
S.clear() -> None
```

参数:无。

返回值:总是返回None。

示例:

```
>>> s = set([1, 3, 5])
>>> s
{1, 3, 5}
```

```
>>> s.clear()
>>> s                              # 集合为空
set()
```

8. copy()方法

作用：浅复制集合S。

原型：

```
S.copy( ) -> set
```

参数：无。

返回值：一个集合。

示例：

```
>>> s = set([1, 3, 5])
>>> s
{1, 3, 5}
>>> s1 = s.copy()
>>> s1
{1, 3, 5}
```

9. difference()方法

作用：集合的差集。

原型：

```
S.difference(...) -> set
```

参数：任意多个可迭代类型数据。

返回值：一个集合。

示例：

```
>>> s = set([1, 3, 5, 6])
>>> # 参数可以是任意的可迭代类型
>>> s.difference({1}, [3], (4, 5))
{6}
```

10. difference_update()方法

作用：集合的差集，与difference()方法的不同之处是，difference_update()直接在集合S上做修改。

原型：

```
S.difference_update(...) -> None
```

参数：任意多个可迭代类型数据。

返回值：总是返回None。

示例：

```
>>> s = set([1, 3, 5, 6])
```

```
>>> s.difference_update({1}, [3], (4, 5))
>>> s
{6}
```

11. intersection()方法

作用：集合的交集。

原型：

```
S.intersection(...) -> set
```

参数：任意多个可迭代类型数据。

返回值：一个集合。

示例：

```
>>> s = set([1, 3, 5, 6])
>>> s.intersection({1}, [3], (4, 5))            # 相当于s&{1}&[3]&(4,5)
set()
>>> s.intersection({1, 3}, [3, 4], (3, 4, 5))   # 相当于s&{1,3}&[3,4]&(3,4,5)
{3}
```

12. intersection_update()方法

作用：集合的交集，与intersection()方法的不同之处是，intersection_update()方法直接在集合S上做修改。

原型：

```
S.difference_update(...)->None
```

参数：任意多个可迭代类型数据。

返回值：总是返回None。

示例：

```
>>> s = set([1, 3, 5, 6])
>>> s.intersection_update({1, 3}, [3,4], (3, 4, 5))
>>> s
{3}
```

13. isdisjoint()方法

作用：用于判断两个集合中是否有相同的元素。

原型：

```
S.isdisjoint(...) -> bool
```

参数：任意可迭代类型数据。

返回值：如果有相同的元素，返回False；否则，返回True。

示例：

```
>>> s1 = set([1, 2, 3])
```

```
>>> s2 = set([3, 4, 5])
>>> s3 = set([5, 6])
>>> s1.isdisjoint(s2)                #s1 和 s2 中有相同的元素
False
>>> s1.isdisjoint(s3)                #s1 和 s3 中没有相同的元素
True
>>> s1.isdisjoint((4, 5))            # 参数是元组
True
```

14. issubset()方法

作用：判断集合S是否是另一个集合的子集。

原型：

```
S.issubset(...) -> bool
```

参数：任意可迭代类型数据。

返回值：bool 类型。

示例：

```
>>> s = set([1, 3, 5])
>>> s.issubset({1, 3, 5, 7})         # 参数是字典
True
>>> s.issubset([1, 3, 5, 7])         # 参数是数组
True
>>> s.issubset([1, 3, 7])
False
```

15. issuperset()方法

作用：判断一个集合是否为另一个集合S的子集，是issubset()方法的反义。

原型：

```
S.issuperset(...) -> bool
```

参数：任意可迭代类型数据。

返回值：bool类型。

示例：

```
>>> s.issuperset({1, 3, 5, 7})
False
>>> s.issuperset({1, 3})
True
```

16. symmetric_difference()方法。

作用：返回两个集合中不重复的元素集合。

原型：

```
S.symmetric_difference(...) -> set
```

参数：任意可迭代类型数据。

返回值：一个集合。

示例：

```
>>> s = set([1, 3, 5])
>>> s
{1, 3, 5}
>>> s.symmetric_difference([8, 9])
{1, 3, 5, 8, 9}
>>> s.symmetric_difference([8, 3])
{8, 1, 5}
```

17. symmetric_difference_update()方法

作用：求两个集合中不重复的元素集合，与symmetric_difference()方法的不同之处是，symmetric_difference_update()方法直接在集合S上做修改。

原型：

```
S.symmetric_difference_update(...) -> None
```

参数：任意可迭代类型数据。

返回值：总是返回None。

示例：

```
>>> s = set([1, 3, 5])
>>> s.symmetric_difference_update({6, 8})
>>> s
{1, 3, 5, 6, 8}
>>> s.symmetric_difference_update({6, 8})
>>> s
{1, 3, 5}
```

6.5 数据结构高级进阶

前面介绍了Python中四种数据结构的特性和基本用法，下面介绍与数据结构相关的高级特性。主要包括序列、迭代器、列表生成式和生成器。

6.5.1 序列

Python序列是指，其中存放的元素是有序排列的，可用下标访问，字符串、列表、元组都是序列。而字典与集合中的元素是无序排列的，因此一般不归在序列中。Python序列具有如下特点：

（1）序列都可以进行索引访问。

（2）序列都可以进行切片操作。

（3）序列都可以进行相加和相乘。
（4）序列中可以检查元素。
（5）序列可以计算长度、最大值和最小值。

可以使用collections模块中的Sequence类查看一个对象是否为一个序列：

```
>>> isinstance('', collections.Sequence)      # 字符串是序列
True
>>> isinstance([], collections.Sequence)      # 列表是序列
True
>>> isinstance((), collections.Sequence)      # 元组是序列
True
>>> isinstance({}, collections.Sequence)      # 字典不是序列
False
>>> isinstance(set(), collections.Sequence)   # 集合不是序列
False
```

提示：

（1）isinstance()函数用于查看一个对象属于某个类。
（2）在使用模块时，要先导入该模块。

6.5.2 迭代器

1. 可迭代类型

在Python中，某些类型如str、list、tuple、dict和set都实现了__iter__()方法，这使得它们成为可迭代类型。这种类型的特点是可以使用for循环进行遍历。实际上，遍历这些类型的过程是通过迭代实现的。要查看一个对象是否实现了__iter__()方法，可以使用dir()函数。例如，dir([])或dir('')将显示列表或字符串对象的所有魔法方法，其中包括__iter__()。

也可以通过collections模块中的Iterable类型查看一个对象是不为可迭代对象：

```
>>> isinstance('', collections.Iterable)
True
>>> isinstance([], collections.Iterable)
True
>>> isinstance((), collections.Iterable)
True
>>> isinstance({}, collections.Iterable)
True
>>> isinstance(set(), collections.Iterable)
True
```

2. 迭代器的定义

（1）迭代器是一种可迭代的对象。
（2）迭代器一定是可迭代的，可迭代的对象不一定是迭代器。

（3）迭代器要实现两个魔法方法：__iter__()和__next__()；通过collections模块中的Iterator类型查看这两个方法。

```
>>> dir(collections.Iterator)
```

判断一个对象是不是迭代器：

```
>>> isinstance('', collections.Iterator)        # 字符串不是迭代器
False
>>> isinstance([], collections.Iterator)        # 列表不是迭代器
False
>>> isinstance((), collections.Iterator)        # 元组不是迭代器
False
>>> isinstance({}, collections.Iterator)        # 字典不是迭代器
False
>>> isinstance(set(), collections.Iterator)     # 集合不是迭代器
False
```

3. 迭代器相关函数

下面介绍迭代器的一些通用函数。

1）enumerate()函数

在Python 3.x中，enumerate()函数实际上是一个类，可通过help(enumerate)查看，也可将其当作函数使用。

其经常被用在for循环中，即可遍历下标，又能遍历数据。

作用：用于给一个可迭代的对象添加下标。

原型：

```
enumerate(iterable[, start]) -> iterator
```

参数iterable：一个可迭代的对象。

参数 start：下标起始位置。

返回值：一个enumerate对象，同时也是一个迭代器。

示例：

```
>>> l = enumerate(['a', 'c', 'b'])              # 参数是一个列表
>>> type(l)
<class 'enumerate'>
>>> isinstance(l, collections.Iterator)         # 是一个迭代器
True
>>> for index, item in l:                       #for循环遍历，能遍历出下标
...     print(index, item)
0 a
1 c
2 b
```

2）iter()函数

作用：将一个可迭代的序列iterable转换成迭代器。

原型：

```
iter(iterable) -> iterator
```

参数：iterable是一个可迭代的序列。

返回值：一个迭代器。

示例：

```
>>> iter('123')                                    # 参数是字符串
<str_iterator object at 0x7fcb7dd320b8>            #str 迭代器
>>> iter([1, 2, 3])                                # 参数是列表
<list_iterator object at 0x7fcb7dd4a0b8>           #list 迭代器
>>> iter((1, 2, 3))                                # 参数是元组
<tuple_iterator object at 0x7fcb7dd4a0b8>          #tuple 迭代器
>>> iter(set([1, 2, 3]))                           # 参数是集合
<set_iterator object at 0x7fcb7d2c5e10>            #set 迭代器
>>> iter({'a':1, 'b':2})                           # 参数是字典
<dict_keyiterator object at 0x7fcb7f467098>        #dict 迭代器
```

3）next()函数

作用：返回迭代器的下一个元素。

原型：

```
next(iterator[, default]) -> item
```

参数iterator：是一个迭代器类型。

参数default：任意类型数据，可省略。

返回值：

（1）当迭代器中有元素时：返回迭代器中的下一个元素。

（2）迭代器中没有元素且没有default参数时：抛出StopIteration异常。

（3）当迭代器中没有元素且有default参数时：返回default。

示例：

```
>>> i = iter([1, 3, 5])        #i 是一个迭代器
>>> next(i)                    # 返回1
1
>>> next(i)                    # 返回3
3
>>> next(i)                    # 返回5
5
>>> next(i)                    #i 中没有元素，抛出异常
Traceback (most recent call last):
```

```
    File "<stdin>", line 1, in <module>
StopIteration
>>> next(i, 7)                              #i 中没有元素，返回第二个参数 7
7
```

4）len()函数

作用：用于计算一个对象obj中元素的个数。

原型：

```
len(obj, /)
```

参数：一般obj是一个可迭代类型对象，实际上，只要实现了__len__方法的对象，都可以使用该函数。

返回值：一个整数。

示例：

```
>>> len('abc')
3
>>> len([1, 2, 3])
3
```

5）max()函数

作用：返回可迭代对象iterable中的最大元素。

原型：

```
max(iterable)
```

参数：iterable是一个可迭代的对象，并且iterable中的元素可比较。

返回值：最大值。

示例：

```
>>> max([1, 2])
2
>>> max([1, 2, 3])
3
>>> max('b', 'a')
'b'
>>> max('abc')
'c'
>>> max(1, 'a')                             # 整数与字符串不是同类型，不可比较
Traceback (most recent call last):
  File "<stdin>", line 1, in <module>
TypeError: '>' not supported between instances of 'str' and 'int'
```

6）min()函数

作用：返回可迭代对象iterable 中的最小元素。

原型：

```
min(iterable)
```

参数：iterable是一个可迭代对象，并且iterable中的元素可比较。

返回值：最小值。

示例：

```
>>> min([1, 2])
1
>>> min([2, 3])
2
>>> min('abc')
'a'
>>> min('b', 'c')
'b'
>>> min('b', 2)                                  # 整数与字符串不是同类型，不可比较
Traceback (most recent call last):
  File "<stdin>", line 1, in <module>
TypeError: '<' not supported between instances of 'int' and 'str'
```

7）sum()函数

作用：计算可迭代对象iterable中的数据之和，最后再加上start。

原型：

```
sum(iterable, start=0, /)
```

参数：iterable是一个可迭代对象，其中的元素是数字类型。

返回值：所有元素之和。

示例：

```
>>> sum([1, 2, 3])                               # 计算1、2、3之和
6
>>> sum([1, 2, 3], 5)                            # 计算1、2、3之和，再加上5
11
```

8）reversed()函数

reversed实际上是一个类，可用help(reversed)查看。

作用：将一个序列sequence反转。

原型：

```
reversed(sequence)
```

参数：sequence是一个序列类型。

返回值：一个reversed对象，该对象也是一个迭代器，可被迭代。

示例：

```
>>> r = reversed('abcde')
>>> r                                          # 一个 reversed 对象
<reversed object at 0x7fcb79970518>
>>> isinstance(r, collections.Iterator)        # 也是一个迭代器
True
>>> [i for i in r]                             # 转换成列表，查看其中的元素
['e', 'd', 'c', 'b', 'a']
>>>
>>> r = reversed([1, 3, 5, 7])
>>> [i for i in r]
[7, 5, 3, 1]
```

6.5.3 生成器

生成器也是一个迭代器。生成器与列表类似，但优点是比列表节省内存。

对于列表，Python会为列表中的每个元素分配实实在在的内存空间，如果列表中的元素很多，那么列表将消耗大量内存。

而对于生成器，Python并不会为其中的每个元素都分配内存。生成器记录的是一种算法，是如何生成数据的算法，在每次用到数据时，才会生成数据，而不会一开始就将所有数据准备好。

因此，对于相同的功能，生成器和列表都能完成，而生成器可以节省大量的内存。创建生成器有如下两种方式：

（1）将列表生成式中的中括号[]改为小括号()。
（2）在函数中使用yield关键字使用列表生成式。

如下代码可以生成一个列表：

```
>>> [i for i in range(5)]
[0, 1, 2, 3, 4]
```

将中括号[]改为小括号()，就是一个生成器：

```
>>> l = (i for i in range(5))
>>> l
<generator object <genexpr> at 0x7f3433d2d9e8>
>>> type(l)
<class 'generator'>
>>> isinstance(l, collections.Iterator)        # 生成器也是一个迭代器
True
```

其中的generator就是生成器的意思，它也是一个类。

如何使用yield关键字呢？比如，想计算列表[1,3,5]中每个元素的平方，使用yield关键字，代码如下：

```
def test():
    print('test...')
```

```
    l = [1, 3, 5]
    for i in l:
        tmp = i * i
        print('yield tmp:%s' % tmp)
        yield tmp
t = test()
print(t)                      #<generator object test at 0x7fde1cdaa3b8>
print(type(t))                #<class'generator'>
```

注意这里定义了一个函数,只是为了演示如何使用yield创建生成器,而不用过多关注如何定义函数。函数的概念在后续章节中会详细介绍。执行以上代码,输出如下:

```
<generator object test at 0x7fde1cdaa3b8>
<class'generator'>
```

你会发现,字符串test...并没有被打印出来。你可能会有疑问,既然代码t=test()已经执行了,那整个test()函数中的代码都应该执行完了才对,那字符串test...怎么会没有打印呢?

那是因为,生成器中代码的执行是惰性的。当执行t=test()这行代码时,test()函数并没有被执行。

前面介绍过,生成器记录的是一个算法,而不是真正的数据,数据只有当使用到时,才会生成。所以,变量t中只是一个算法,而没有数据。因为,生成器也是一个迭代器,所以生成器可以使用next()函数访问其中的数据:

```
i = next(t)
print('i value is', i)
```

执行上面这行代码后,程序会输出:

```
test...
yield tmp:1
i value is 1
```

字符串test...被打印,说明test()执行了。当代码执行到yield时,变量i会接收到yield返回的数据,此时,代码会从yield处跳出test()函数。如果接下来,不再遍历变量t中的数据,那么整个代码就执行结束了。如果再次执行代码:

```
j = next(t)
print('j value is', j)
```

程序会输出:

```
yield tmp:9
j value is 9
```

可见代码会在上次yield的地方,再次向下执行。再次执行代码:

```
k = next(t)
print('k value is', k)
```

程序会输出:

```
yield tmp:25
k value is 25
```

当t中的元素被遍历完后,如果再次执行next(t),则会抛出StopIteration异常。使用next()函数遍历生成器中的所有元素是很麻烦的,我们可以像遍历列表一样,用for循环遍历生成器中的元素:

```
for i in t:
    print(i)
```

输出如下:

```
test...
yield tmp:1
1
yield tmp:9
9
yield tmp:25
25
```

整个遍历过程中,字符串test...只被输出了一次,并没有被输出三次。

说明当代码执行到yield时,并没有从函数test()中返回,代码只是暂停在了yield处,等下次需要数据时,会从上次的yield处接着执行。生成器比列表节省内存。如果想生成一个从0～9999的数字序列,用列表的话,是这样的:

```
>>> l = [i for i in range(10000)]
>>> sys.getsizeof(l)              # 内存占用87 624字节
87624
```

sys模块的getsizeof()方法可以查看一个对象的大小,单位是字节。用生成器来实现的话,代码如下:

```
>>> l = (i for i in range(10000))
>>> sys.getsizeof(l)              # 内存占用88字节
88
```

可以看到0～9999这样的整数序列,使用列表的话,占用87 624字节;使用生成器的话,只占用88字节。

小结

在本章中,学习了如何定义列表、元组、集合、字典,以及如何使用存储在列表、元组、集合、字典中的信息;如何访问和修改列表、集合、字典中的元素,以及如何遍历列表、元组、集合、字典中的所有信息。

同时重点学习了列表:针对列表如何高效地处理列表中的元素;如何使用for循环遍历列表;以及可对数字列表执行的一些操作;如何通过切片使用列表的一部分和复制列表;如何在遍历列表时,通过使用if语句对特定元素采取特定的措施。

最后学习了如何遍历字典中所有的键-值对及所有的键和所有的值;如何在列表中嵌套字典、在字典中嵌套列表以及在字典中嵌套字典。

习题

一、选择题

1. 使用 append() 语句可以向列表中添加元素，该说法（　　）。
   A. 正确　　　　　　　　　　　　　　　B. 错误

2. 使用 len() 语句可以获取字符串的长度，该说法（　　）。
   A. 正确　　　　　　　　　　　　　　　B. 错误

3. 已知列表 x=[1,2,3]，那么执行语句 x=3 后，变量 x 就不再是列表类型了。
   A. 正确　　　　　　　　　　　　　　　B. 错误

4. Python 语句 print(r"\nGood") 的运行结果是（　　）。
   A. 新行和字符串 Good　　　　　　　　B. r"\nGood"
   C. \nGood　　　　　　　　　　　　　　D. 字符 r、新行和字符串 Good

5. Python 不支持的数据类型是（　　）。
   A. char　　　　B. int　　　　C. float　　　　D. list

6. 下面代码的执行结果是（　　）。

```
ls=["2020","20.20","Python"]
s.append(2020)
ls.append([2020,"2020"])print(ls)
```

   A. ['2020','20.20','Python',2020]
   B. ['2020','20.20','Python',2020,[2020,'2020']]
   C. ['2020','20.20','Python',2020,['2020']]
   D. ['2020','20.20','Python',2020,2020,'2020']

二、填空题

1. 已知列表 x=[1,3,2]，那么执行 x.reverse() 语句后，x 的值为＿＿＿＿。
2. 已知列表 x=list(rang(10))，那么执行 delx[:2] 语句后，x 的值为＿＿＿＿。
3. 已知 x={1:2,2:3,3:4}，那么表达式 sum(x.values()) 的值为＿＿＿＿。
4. 表达式 [x for x in [1,2,3,4,5]ifx<3] 的值为＿＿＿＿。
5. 已知 x={1:2,2:3}，那么表达式 x.get(3,4) 的值为＿＿＿＿。
6. 表达式 'abc'in'abdcefg' 的值为＿＿＿＿。
7. 表达式 len([I for I in range(10)]) 的值为＿＿＿＿。
8. 表达式 sorted({'a':3,'b':9,'c':78}) 的值为＿＿＿＿。
9. 已知 x=[[]]*3，那么执行 x[0].append(1) 语句后，x 的值为＿＿＿＿。
10. Python 内置函数＿＿＿＿可以返回列表、元组、字典、集合、字符串以及 range 对象中元素个数。
11. 表达式 {1,2,3}|{3,4,5} 的值为＿＿＿＿。
12. 表达式 {1,2,3}|{2,3,4} 的值为＿＿＿＿。

三、编程题

1. 使用字符串的格式化输出完成以下名片的显示。

```
1    ==========我的名片==========
2    姓名：itheima
3    QQ:xxxxxxx
4    手机号:185xxxxxx
5    公司地址:北京市xxxx
6    ============================
```

2. 现有字符串 msg="hel@#$lo pyt \nhon ni\t hao%$"，去掉所有不是英文字母的字符，打印结果："清理以后的结果为:hellopythonnihao"。

3. 定义一个列表，并将列表中的头尾两个元素对调。例如：

对调前为 [1,2,3]；对调后为 [3,2,1]。

4. 给定一个字符串，然后移除指定位置的字符。

5. 给定一个字典，移除字典的键值(key/value)对。

6. 使用列表解决约瑟夫生者死者小游戏：

30个人在一条船上,超载,需要15人下船。于是人们排成一队,排队的位置即为他们的编号。报数,从1开始,数到9的人下船。如此循环,直到船上仅剩15人为止,问都有哪些编号的人下船了呢?

第 7 章
文件和数据格式化

第 6 章学习了 Python 组合数据类型，包括列表、字典、元组和集合。处理这些数据类型时，标准的输入设备是键盘，输出设备是屏幕。要想批量输入数据和长久保存数据，必须用到文件。本章将学习文件的打开、关闭、读和写的基本操作，以及文件内随机移动，结合前面学过的循环语句处理一维、二维数据，最后学习 CSV 格式文件读/写处理。

本章知识导图

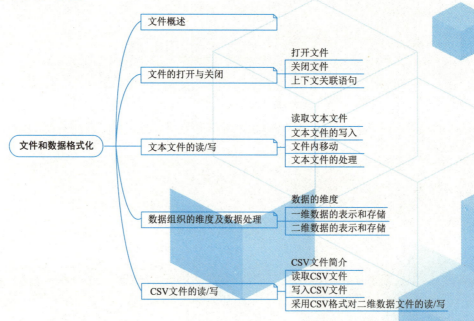

学习目标

- 了解文本文件与 jieba 库的使用，能对文本文件进行分词处理
- 熟悉数据组织的维度与数据处理，能用循环语句对一维、二维数据进行处理
- 掌握 open()、close() 函数的使用，可以使用文件对象对文件内容进行读出、写入与关闭操作
- 掌握随机读写操作的意义，可以使用 seek() 函数实现文件内的读取索引定位
- 掌握 CSV 文件的主要作用，并且可以通过 CSV 模块实现 *.CSV 文件的读取与写入操作

7.1 文件概述

目前操作的程序都遵循首先接收输入数据，然后按照要求进行处理，最后输出数据的方式进行，如果想把数据永久保存下来，就需要存储在文件中。文件是存储在外部介质上的数据集合，与文件名相关联。按照文件中数据的组织形式，文件可以分为文本文件和二进制文件两类。文本文件存储的是常规字符串，由文本行组成，通常以换行符'\n'结尾，Python默认为Unicode字符集（2字节表示一个字符），只能读写常规字符串，能够用字处理软件（如记事本）进行编辑。二进制文件按照对象在内存中的内容以字节串（bytes）进行存储，不能用字处理软件进行编辑，常见的有：MP4视频文件、MP3音频文件、JPG图片、doc文档等。

7.2 文件的打开与关闭

对文件的访问是指对文件的读和写操作，在Python中对文件进行读/写一般按照以下三个步骤操作。

（1）使用open()函数打开（或建立）文件，返回一个file对象。

（2）使用file对象的读/写方法对文件进行读/写操作。其中，将数据从外存传输到内存的过程称为读操作，将数据从内存传输到外存的过程称为写操作。

（3）使用file对象的close()方法关闭文件。

7.2.1 打开文件

要访问文件，先要使用open()函数打开文件，创建文件对象，再利用该文件对象执行读/写操作。

一旦成功创建文件对象，该对象便会记住文件的当前位置，以便执行读写操作。这个位置称为文件的指针。凡是以r、r+、rb+的读文件方式，或以w、w+、wb+的写文件方式打开文件时，文件的指针均指向文件的开始位置。

open()函数用来打开文件。open()函数需要一个字符串路径，表明希望打开的文件，语法格式如下：

```
file=open(filename[,access_mode[,buffering[,encoding]]])
```

其中，file是open()函数返回的文件对象。参数filename是表示文件名的字符串，是必写参数，它可以是绝对路径，也可以是相对路径。Access_mode是指明文件类型和操作方式的字符串。buffering是控

制缓冲，encoding设置编码格式，一般使用UTF-8。access_mode、buffering和encoding参数可选。

open()函数中，access_mode参数常用值见表7.1。

表7.1 access_mode 参数常用值

模 式	描 述
r	以只读方式打开文件。文件的指针将会放在文件的开头。这是默认模式
rb	以二进制格式打开一个文件用于只读。文件指针将会放在文件的开头。这是默认模式
r+	打开一个文件用于读/写。文件指针将会放在文件的开头
rb+	以二进制格式打开一个文件用于读/写。文件指针将会放在文件的开头
w	打开一个文件只用于写入。如果该文件已存在则将其覆盖。如果该文件不存在，创建新文件
wb	以二进制格式打开一个文件只用于写入。如果该文件已存在则将其覆盖。如果该文件不存在，创建新文件
w+	打开一个文件用于读/写。如果该文件已存在则将其覆盖。如果该文件不存在，创建新文件
wb+	以二进制格式打开一个文件用于读/写。如果该文件已存在则将其覆盖。如果该文件不存在，创建新文件
a	打开一个文件用于追加。如果该文件已存在，文件指针将会放在文件的结尾。也就是说，新的内容将会被写入到已有内容之后。如果该文件不存在，创建新文件进行写入
ab	以二进制格式打开一个文件用于追加。如果该文件已存在，文件指针将会放在文件的结尾。也就是说，新的内容将会被写入已有内容之后。如果该文件不存在，创建新文件进行写入
a+	打开一个文件用于读/写。如果该文件已存在，文件指针将会放在文件的结尾。文件打开时会是追加模式。如果该文件不存在，创建新文件用于读/写
ab+	以二进制格式打开一个文件用于追加。如果该文件已存在，文件指针将会放在文件的结尾。如果该文件不存在，创建新文件用于读写

说明：

当access_mode参数省略时，默认为读模式，即'r'是access_mode参数的默认值。

'+'参数指明读和写都是允许的。

'b'参数用来处理二进制文件，比如声音文件或图像文件。Python默认处理的是文本文件。

open()函数的第三个参数buffering用于控制缓冲。当参数为0或False时，输入/输出(I/O)是无缓冲的，读/写操作直接针对硬盘。当参数为1或True时，I/O有缓冲，此时Python使用内存代替硬盘，使程序运行速度更快，只有使用flush或close时才会将数据写入硬盘。当参数大于1时，表示缓冲区的大小，以字节为单位，负数表示使用默认缓冲区大小。

下面举例说明open()函数的使用。

先用记事本创建一个文本文件，取名hello.txt。输入以下内容并保存在d:\python下。

```
Hello
My Python
```

在IDLE交互式环境下输入以下代码：

```
>>>myfile=open("d:\\python\\hello.txt",'r')
```

这条命令将以读文本文件的方式打开放在d盘python文件夹下hello.txt文件。这种模式下，只能从文件中读取数据而不能向文件中写入或修改数据。

调用open()函数后将返回一个文件对象。本例中文件对象保存在myfile变量中。打开文件对象时，可以看到文件名，读/写模式和编码格式。cp936是Windows系统中第936号编码格式，即GB2312的编码。

```
>>> print(myfile)
<io.TextIOWrapper name='d:\\python\\hello.txt'mode='r'encoding='cp936'>
```

接下来通过文件对象可以得到与该文件相关的各种信息，也可以调用myfile文件对象的方法读取文件中的数据。与文件对象相关的属性见表7.2。

表 7.2 文件对象相关属性

属　　性	描　　述
closed	如果文件已被关闭返回 True；否则返回 False
mode	返回被打开文件的访问模式
name	返回文件的名称
softspace	如果用 print 输出后，必须跟一个空格符，则返回 False, 否则返回 True

7.2.2 关闭文件

文件打开并操作完毕，应该关闭文件，以便释放所占的内存空间，或被别的程序打开并使用。

文件对象的close()方法用来刷新缓冲区中所有还没有写入的信息，并关闭该文件，之后便不能再执行写入操作。

当一个文件对象的引用被重新指定给另一个文件时，Python将关闭之前的文件。

close()方法的语法格式如下：

```
file.close()
```

功能：关闭文件。如果一个文件关闭后还对其进行操作，将抛出ValueError异常。

例如，关闭打开的文件对象myfile。

```
myfile.close()
```

7.2.3 上下文关联语句

在实际应用中，读/写文件应优先使用上下文管理语句with,关键字with可以自动管理资源，不论什么原因跳出with块，总能保证文件被正确关闭，并且可以在代码块执行完毕后自动还原进入代码块时的上下文，常用于数据库连接、文件操作等场合。用于文件读/写时，With语句的用法如下：

```
with open(filename,access_mode,encoding) as fp:
    # 这里写通过文件对象 fp 读写文件内容的语句
```

7.3 文本文件的读/写

7.3.1 读取文本文件

打开的文件在读取时可以一次性全部读入，也可以逐行读入，或读取指定位置的内容。可

视　频

文本文件的读操作

以调用文件对象的多种方法读取文件内容。

1. read()方法

不设置参数的read()方法将整个文件内容读取为一个字符串。read()方法一次读取文件的全部内容。

【例7.1】调用read()方法读取hello.txt文件中的内容。

代码如下：

```
>>> myfile=open("d:\\python\\hello.txt",'r')
>>> fileContent=myfile.read()
>>> myfile.close()
>>> print(fileContent)
```

输出结果：

```
Hello!
My Python!
```

也可以设置最大读入字符数来限制read()函数一次返回字符串的大小。

【例7.2】设置参数，一次从文件中读取5个字符。

代码如下：

```
>>> with open("d:\\python\\hello.txt",'r') as fp:
fileContent=fp.read(5)
>>> fp.close()
>>> print(fileContent)
```

输出结果：

```
Hello
```

2. readline()方法

readline()方法从文件中获取一个字符串，这个字符串就是文件中的一行。

【例7.3】调用readline()方法读取hello.txt文件中的内容。

代码如下：

```
>>> myfile=open("d:\\python\\hello.txt",'r')
>>> fileContent=myfile.readline()
>>> myfile.close()
>>> print(fileContent)
```

输出结果：

```
Hello!
```

3. readlines()方法

readlines()方法返回一个字符串列表，其中的每一项是文件中每一行的字符串。

【例7.4】调用readline()方法读取hello.txt文件中的内容。

代码如下：

```
>>> myfile=open("d:\\python\\hello.txt",'r')
>>> fileContent=myfile.readlines()
>>> myfile.close()
>>> print(fileContent)
```

输出结果：

```
['Hello!\n','My Python!']
```

Readlines()方法也可以设置参数，指定一次读取的字符数。

7.3.2 文本文件的写入

写文件与读文件类似，都需要先创建文件对象连接。所不同的是，打开文件时是以写模式或添加模式打开。如果文件不存在，则创建该文件。

与读文件时不能添加或修改数据类似，写文件时也不允许读取数据。写模式打开已有文件时，原有文件内容会清空，从文件头开始进行写入。

Python有write()和writelines()两种写文件方法。

1. write()方法

write()方法将字符串参数写入文件。

【例7.5】调用write()方法向文件hello.txt中写数据。

代码如下：

```
>>> myfile=open("d:\\python\\hello.txt",'w')
>>> myfile.write("This is the first line.\this is the second line.\n")
>>> myfile.close()
>>> myfile=open("d:\\python\\hello.txt",'r')
>>> filecontent=myfile.read()
>>> myfile.close()
>>> print(fileContent)
```

输出结果：

```
This is the first line
This is the second line
```

当以写模式打开文件hello.txt时，文件原有内容被清空，调用write()方法将字符串参数写入文件，这里'\n'代表换行符。关闭文件后，再次用读模式打开文件读取内容并输出，共有两行字符串。这里需要注意的是write()方法不能自动在字符串末尾添加换行符，需要手动添加'\n'。

【例7.6】完成一个自定义函数copy_file()，实现文件复制功能。

copy_file()函数需要两个参数，指定需要复制的文件oldfile和文件的备份newfile。分别以读模式和写模式打开两个文件，从oldfile一次读入30个字符并写入newfile。当读到文件末尾时fileContent==""成立，退出循环并关闭两个文件。

```
def copy_file(oldfile,newfile):
```

```
        oldfile=open(oldfile,"r")
        newfile=open(newfile,"w")
        while True:
            fileContent=oldfile.read(30)
            if fileContent=="":              # 读到文件末尾时
                break
            newfile.write(fileContent)
        oldfile.close()
        newfile.close()
        return
copy_file("d:\\python\\hello.txt","d:\\python\\hello1.txt")
```

2. writelines()方法

writelines()方法向文件写入一个序列字符串列表,如果需要换行则要自己加入换行符。例如:

```
>>> myfile=open("temp.txt","w")
>>> list1=["Hunan","Changsha","zzuli"]
>>> myfile.writelines(list1)
>>> myfile.close()
>>> myfile1=open("temp.txt")
>>> fileContent=myfile1.read()
>>> myfile1.close()
>>> print(fileContent)
```

输出结果:

```
HunanChangshazzuli
```

运行结果是生成一个temp.txt文件,内容是HunanChangshazzuli,可见没有换行。另外需要注意,writelines()方法写入的序列必须是字符串序列,若是整型序列,则会产生错误。

7.3.3 文件内移动

不论读或写文件,Python都会跟踪文件中的读/写位置。在默认情况下,文件的读/写都是从文件的开始位置进行。Python使用一些函数跟踪文件的当前位置,使得用户能够改变文件读/写操作发生的位置。

1. tell()方法

tell()方法用来计算文件当前位置和开始位置之间的字节偏移量。

```
>>> myfile=open("d:\\python\\hello.txt","r")
>>> filecontent=myfile.read(3)
>>> print(filecontent)
Thi
>>> myfile.tell()
    3
```

这里myfile.tell()函数返回的是一个整数3,表示文件当前位置和开始位置之间有3字节的偏移量,或者说已经从文件中读取了3个字符。

2. seek()函数

seek()函数是将文件当前指针由引用点移动指定的字节数到指定的位置，即设置新的文件当前位置，允许在文件中移动指针，实现对文件的随机访问。语法格式如下：

```
seek(offset[,whence])
```

seek()函数有两个参数：

第一个参数offset是字节数，表示偏移量；

第二个参数whence是引用点，有如下三个取值：

（1）0：表示文件开始处，默认值，意味着使用该文件的开始处作为基准位置，此时字节偏移量必须为正。

（2）1：表示文件当前位置，意味着使用该文件的当前位置作为基准位置，此时字节偏移量可以为负。

（3）2：表示文件结尾，即该文件的末尾将作为基准位置。

例如：

```
>>> myfile.tell()
2
>>> myfile.seek(2,0)
2
>>> myfile.seek(2,1)
Traceback(most recent call last):
    File "<pyshell#15>",line 1, in <module>
myfile.seek(2,1)
io.UnsupportedOperation: can't nonzero cur-relative seeks
>>> myfile.seek(2,2)
Traceback(most recent call last):
    File "<pyshell#16>",line 1, in <module>
myfile.seek(2,2)
io.UnsupportedOperation: can't nonzero end-relative seeks
```

当打开文本文件而且whence参数不为0时，offset参数只能取0值，否则Python解释器会报错。

7.3.4 文本文件的处理

在自然语言处理领域经常需要对文字进行分词，分词的准确度直接影响了后续文本处理和挖掘算法的最终效果。jieba（结巴）是百度工程师Sun Junyi开发的一个开源库，在GitHub上受到欢迎，使用频率也很高。Python扩展库jieba很好地支持中文分词，可以使用pip命令进行安装（Windows下命令格式：pip install jieba）。

jieba最流行的应用是分词，包括介绍页面上也称为"结巴中文分词"，但除了分词之外，jieba还可以做关键词抽取、词频统计等。

jieha支持如下四种分词模式：

（1）精确模式：试图将句子最精确地切开，只输出最大概率组合。
（2）搜索引擎模式：在精确模式基础上，对长词再次切分，提高召回率，适用于搜索引擎分词。
（3）全模式：把句子中所有的可以成词的词语都扫描出来。
（4）paddle模式，利用paddle深度学习框架，训练序列标注（双向GRU）网络模型实现分词，同时支持词性标注。

1. 默认模式

句子精确地切开，每个字符只会出现在一个词中，适合文本分析。例如：

```
>>> import jieba
>>> print("/".join(jieba.cut("我来到武汉轻工业大学")))
```

输出结果：

```
我 / 来到 / 武汉轻工业 / 大学
```

2. 全模式

把句子中所有词都扫描出来，速度非常快，有可能一个字同时分在多个词。

```
>>> print("/".join(jieba.cut("我来到武汉轻工业大学",cut_all=True)))
```

输出结果：

```
我 / 来到 / 武汉 / 轻工 / 轻工业 / 工业 / 业大 / 大学
```

3. 搜索引擎模式

在精确模式的基础上，对长度大于2的词再次切分，召回当中长度为2或者3的词，从而提高召回率，常用于搜索引擎。

```
>>> print("/".join(jieba.cut_for_search("我来到武汉轻工业大学")))
```

输出结果：

```
我 / 来到 / 武汉 / 轻工 / 工业 / 轻工业 / 大学
```

4. 自定义词表

自定义词表是jieba最大的优势，提高准确率，方便后续扩展，常见模型分词做不到这点。

```
>>> jieba.add_word("轻工业大学")
>>> print("/".join(jieba.cut("我来到武汉轻工业大学")))
```

输出结果：

```
我 / 来到 / 武汉 // 轻工业大学
```

【例7.7】读取文本文件*.txt，对文本文件的内容进行词频统计。

文本文件内容可以从网络上获取，比如习近平在中国共产党第二十次全国代表大会上的报告，保存文本文件为"党的二十大报告.txt"。

代码如下：

```
import jieba                      # 导入jieba库
```

```
txt=open("D:\\python\\ 党的二十大报告 .txt","r",encoding='utf-8').read()
words=jieba.cut(txt)              # 使用精确模式对文本进行分词
counts={}                         # 通过键值对的形式存储词语及其出现的次数
for word in words:
    if len(word)==1:              # 单个词语不计算在内
        continue
    else:
        counts[word]=counts.get(word,0)+1  # 遍历所有词语，每出现一次其对应的值加1
items=list(counts.items())                 # 将键值对转换成列表
items.sort(key=lambda x:x[1],reverse=True)
# 根据词语出现的次数进行从大到小排序

for i in range(15):
    word,count=items[i]
    print("{0:<5}{1:>5}".format(word,count))
```

输出结果如图7.1所示，从统计结果可知，党的二十大报告中出现频率最高的五个词是：发展、坚持、建设、人民、中国。

```
Dumping model to file cache C:\Users\yzb\AppData\Local\Temp\jieba.cache
Loading model cost 0.853 seconds.
Prefix dict has been built successfully.
发展      218
坚持      170
建设      151
人民      134
中国      125
社会主义    116
国家      110
体系      109
推进      107
全面      102
加强       92
我们       87
现代化      86
制度       76
完善       73

Process finished with exit code 0
```

图7.1　例7.7运行结果

说明：此程序采用jieba中精确分词模式，比如"中国共产党"是一个词，不会分解为"中国"和"共产党"两个词，如果按照全模式分词的话，"中国"统计为178次，用户可以根据自己的需求调整分词模式。

7.4　数据组织的维度及数据处理

7.4.1　数据的维度

从广义上讲，维度是与事物"有联系"的概念的数量，根据"有联系"的概念的数量，事物可分为不同维度。例如，与线有联系的概念为长度，因此线为一维事物；与长方形面积有联系的概念为长度和宽度，因此长方形面积为二维事物；与长方体体积有联系的概念为长度、宽度和高度，因此长方体体积为三维事物。

在计算机中，根据组织数据时与数据"有联系"的参数的数量，数据可分为不同的维度，下面将对数据维度（不同维度数据格式相互转换）相关的知识进行讲解。

不同维度的数据分类：根据组织数据时与数据有联系的参数的数量，数据可分为一维数据、二维数据和多维数据。

7.4.2 一维数据的表示和存储

一维数据由对等关系的有序或者无序数据构成，采用线性方式组织。例如：

```
3.24, 3.2, 4.3, 4.5, 6.7, 5.5
```

对应列表、数组和集合等概念。

一维数据的表示

如果数据间有序，使用列表类型：

```
ls=[2.233, 3.22, 4.32]
```

列表类型可以表达一维有序数据，for循环可以遍历数据，进而对每个数据进行处理。

如果数据间无序，使用集合类型：

```
st={3.123, 5.323, 4.65}
```

集合类型可以表达一维无序数据，for循环可以遍历数据，进而对每个数据进行处理。一维数据的存储可以用空格、逗号、特殊字符分隔。

【例7.8】求数组元素的平均值，代码和运行结果如图7.2所示。

```
#coding: utf-8
a=[1,4,8,10,12]
b=len(a)
sum=0
print("数组长度为:",b)
for i in a:
    sum=sum+i
print("均值为   ",sum/b)
```

```
"D:\Program Files\python\python.exe" C:/Users/yzb/PycharmProjects/untitled1/yiweiadd.py
数组长度为: 5
均值为    7.0
```

图 7.2 例 7.8 运行结果

1. 一维数据的读入处理.split()

【例7.9】从空格分隔的文件中读入数据，代码和运行结果如图7.3所示。

```
f=open("D:\\python\\f.txt","r",encoding="UTF-8")
```

```
txt=f.read()
print(txt)
ls=txt.split()
print(ls)
f.close()
```

```
"D:\Program Files\python\python.exe" C:/Users/yzb/PycharmProjects/untitled1/yiwei1.py
123 345 sss ttt yu
['123', '345', 'sss', 'ttt', 'yu']
```

图 7.3 例 7.9 运行结果

【例7.10】从特殊符号分割的文件中读入数据，文件内容如图7.4所示。

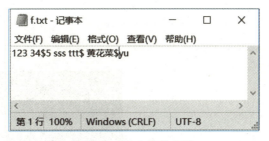

图 7.4 f.txt 文件内容

代码和运行结果如图7.5所示。

```
f=open("D:\\python\\f.txt","r",encoding="UTF-8")
txt=f.read()
print(txt)
ls=txt.split("$")
print(ls)
f.close()
```

```
"D:\Program Files\python\python.exe" C:/Users/yzb/PycharmProjects/untitled1/yiwei1.py
123 34$5 sss ttt$ 黄花菜$yu
['123 34', '5 sss ttt', ' 黄花菜', 'yu']

Process finished with exit code 0
```

图 7.5 例 7.10 运行结果

2. 一维数据的写入处理.join()

【例7.11】采用空格分隔方式将数据写入文件。
代码如下：

```
#coding: utf-8
```

```
ls=["中国","美国","日本"]
f=open("D:\\python\\f.txt","w",encoding="UTF-8")
f.write(" ".join(ls))
f.close()
```

运行结果如图7.6所示。

7.4.3 二维数据的表示和存储

二维数据由多个一维数据构成，是一维数据的组合形式，表格是典型的二维数据。

1. 二维数据的表示

列表类型可以表达二维数据，使用二维列表形式表示，比如：

```
Ls=[[3.23, 3.12, 3.33], [3.14, 3.04, 3.12]]
```

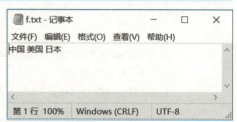

图7.6　例7.11 运行结果

使用两层for循环遍历每个元素，外层列表中每个元素可以对应一行，也可以对应一列。

2. 二维数据的逐一处理

【例7.12】二层循环处理

```
>>> ls=[[1,2],[3,4],[5,6]]
>>> for row in ls:
>>>     for column in row:
>>>         print(column)
```

运行结果如图7.7所示。

图7.7　例7.12 结果

3. 多维数据

由一维或二维数据在新维度上扩展形成。

7.5　CSV 文件的读写

7.5.1　CSV 文件简介

CSV（逗号分隔符）文件是一种用来存储表格数据（数字和文本）的纯文本文件，通常用于存放电子表格或数据的一种文件格式。纯文本意味着该文件是一个字符序列，不包含必须像二进制数据那样被解读的数据。

CSV文件由任意数目的记录组成，记录间以某种换行符分隔；每条记录由字段组成，字段间的分隔符是其他字符或字符串，最常见的是逗号或制表符。通常，所有记录都有完全相同的字段序列。

CSV文件可以比较方便地在不同应用之间交换数据，可以将数据批量导出为CSV格式，然后导入其他应用程序中。很多应用中需要导出报表，通常采用CSV格式，然后用Excel工具进行后续编辑。

如下所示是一个CSV文件内容。

```
山东齐河县,时传祥,男,1915—1975,掏粪工人
```

甘肃玉门市,王进喜,男,1923—1970,石油工人
山西平顺县,申纪兰,女,1920—2020,农民
河南南召县,王永民,男,1943—,计算机专家
安徽怀宁县,邓稼先,男,1924—1986,核物理学家

7.5.2 读取 CSV 文件

CSV模块是Python的内置模块,用import语句导入后即可使用。读入CSV文件使用的是CSV模块中的reader()方法。

reader()方法的语法格式:

```
csv.reader(csvfile,dialect='excel',**fmtparams)
```

功能:读取CSV文件。

参数说明:

csvfile:必须是支持迭代(Iterator)的对象,可以是文件(file)对象或者列表(list)对象。

dialect:编码风格,默认为Excel风格,用逗号(,)分隔。dialect方式也支持自定义,通过调用register_dialect()方法来注册。

fmtparams:格式化参数,用来覆盖之前dialect对象指定的编码风格。

【例7.13】读取CSV文件并输出内容。

把7.5.1中所示的CSV文件内容保存为文件名为D盘python文件夹下"全国劳动模范.csv"的CSV文件,从该文件中读取数据并显示出来。

代码如下:

```
import csv
filename="d:\\python\\全国劳动模范.csv"
# 使用 open() 函数打开文件,如果该文件不存在,则报错
with open(filename,'r',encoding='utf-8') as mycsvfile:
# 使用 reader() 方法读整个 CSV 文件到一个列表对象中
    lines=csv.reader(mycsvfile)       # 通过遍历每个列表元素,输出数据
    for line in lines:
        print(line)
```

输出结果如图7.8所示。

```
"D:\Program Files\python\python.exe" C:/Users/yzb/PycharmProjects/untitled1/csvfile1.py
['山东齐河县','时传祥','男','1915-1975','掏粪工人']
['    甘肃玉门市','王进喜','男','1923-1970','石油工人']
['    山西平顺县','申纪兰','女','1920-2020','农民']
['    河南南召县','王永民','男','1943-','计算机专家']
['    安徽怀宁县','邓稼先','男','1924-1986','核物理学家']

Process finished with exit code 0
```

图 7.8 例 7.13 运行结果

7.5.3 写入 CSV 文件

写入CSV文件使用的是CSV模块中的writer()方法。

writer()方法的语法格式：

```
csv.writer(csvfile,dialect='excel',**fmtparams)
```

功能：写入CSV文件。

参数说明：参数含义同reader()方法。

【例7.14】写入CSV文件。实例代码如下：

```
#coding: utf-8
import csv
mylist=[["809040101"," 陈晓 ","女","1996/12/23","电子信息"],["809040103","崔元","男","1996/12/25","计算机科学与技术"]]
filename="d:\\python\\filecsv2.csv"
# 使用 open() 函数打开文件，如果该文件不存在，则创建它
with open(filename,'w',newline='') as mycsvfile:
#newline='' 可以防止写入空行
myWriter=csv.writer(mycsvfile)         # 创建 CSV 文件写对象
# 调用 writerow() 方法，一次写一行，参数必须是一个列表
myWriter.writerow(["809040106","段天峰","男","1997/2/14","电子信息"])
# 也可以调用 writerows() 方法，一次写入一个列表 myWriter.writerows(mylist)
```

运行结果如图7.9所示。

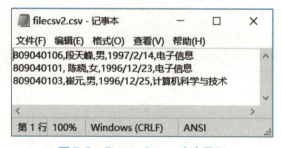

图 7.9　filecsv2.csv 内容显示

7.5.4 采用 CSV 格式对二维数据文件的读 / 写

1. 二维数据的读入处理

【例7.15】从CSV格式的文件中读入数据。

```
#coding: utf-8
import csv
fname="d:\\python\\csvfile2.csv"
fo=open(fname)
ls=[]
```

```
for line in fo:
    line=line.replace('\n','')
    ls.append(line.split(','))
for row in ls:
    for column in row:
        print(column)
fo.close()
```

运行结果如图7.10所示。

```
"D:\Program Files\python\python.exe" C:/Users/yzb/PycharmProjects/untitled1/erweicsv.py
809040106
段天峰
男
1997/2/14
电子信息
809040101
 陈晓
女
1996/12/23
电子信息
809040103
崔元
男
1996/12/25
计算机科学与技术
```

图 7.10　例 7.15 运行结果

2. 二维数据的写入处理

【例7.16】将数据写入CSV格式的文件。

```
#coding: utf-8
import csv
fname="d:\\python\\csvfile3.csv"
ls=[" 东北地区 "," 华北地区 "," 华东地区 "]
f=open(fname,'w')
for item in ls:
    f.write(','.join(item)+'\n')
f.close()
```

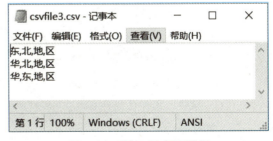

图 7.11　例 7.16 运行结果

运行结果如图7.11所示。

小结

Python 中提供的 open() 函数可以直接打开文件，在文件打开时可以使用不同的 mode 设置文件的操作格式，使用 r 表示只读模式，使用 w 表示只写模式，也可以使用 "+" 定义多种模式，例如：w+ 表示读写模式。

通过open()函数可以获取一个文件操作对象,利用文件对象中提供的read()方法实现文件数据的输入,利用write()方法实现文件数据的输出。

在文件对象中可以通过seek()函数实现读取索引的定位,利用这种定位机制以及保存数据定长的操作,可以方便地读取一个文件中的部分数据,实现随机读取功能。

在自然语言处理领域经常需要对文字进行分词,分词的准确度直接影响了后续文本处理和挖掘算法的最终效果。Python扩展库jieba很好地支持中文分词。

根据组织数据时与数据有联系的参数的数量,数据可分为一维数据、二维数据和多维数据,可以用split()和join()方法进行读出和写入操作。

CSV是一种通用的数据文件记录格式,在大数据信息采集以及网络爬虫中都被大量采用,Python中提供的CSV模块默认使用逗号","进行数据项的拆分。

习题

一、选择题

1. 文件写入模式 'w' 表示(　　)。
   A. 以追加模式打开文件　　　　　　B. 以只读模式打开文件
   C. 以读写模式打开文件　　　　　　D. 以覆盖模式打开文件

2. 以下(　　)函数可以读取整个文件。
   A. read()　　　　B. write()　　　　C. readlin()　　　　D. open()

3. 以下(　　)操作能够移动文件指针到文件开头。
   A. file.fseek(0)　　B. file.fseek(1)　　C. file.fseek(-1)　　D. file.fseek(2)

4. 使用 with 语句打开文件的好处是(　　)。
   A. 可以自动关闭文件　　　　　　　B. 可以读取文件内容
   C. 可以将文件指针移动到文件开头　D. 可以修改文件的权限

5. 下述代码输出的结果是(　　)。

```
>>> with open('data.txt','w')as f:
        f.write('Hello,world!')
```

   A. 创建并写入文件 'data.txt'　　　　B. 打印文件中所有内容
   C. 报错,文件已经存在　　　　　　　D. 报错,写入文件错误

二、编程题

1. 用 w 模式打开文件,如果文件已经存在,会将原文件覆盖,新建一个同名文件。要求新建文件,但是如果文件已经存在,则不再新建,提示修改文件名称。

2. 在本地创建一个 Excel 文件(要有数据),读取文档内容,并转存到另一个 CSV 文档中。

3. 操作文件,对文本内容做序列化和反序列化操作。

4. 编写程序,统计《红楼梦》第一回(下载《红楼梦》第一回存到文本文件中),出现频率最高的五个词。

第 8 章
面向对象的程序设计

经过前面章节的学习，我们已经掌握了 Python 的基础知识，如数据类型、程序结构、函数和文件操作。但要成为 Python 编程高手，还需深入学习其面向对象编程（OOP）技术。面向对象编程将数据与相关操作封装为对象，具有代码重用性高、可维护性和可扩展性强等优点，广泛应用于现代软件开发。

在学习时，我们不仅要掌握技术和概念，还要培养编程思想和职业素养，注重代码的可读性、可维护性和可扩展性，保护用户隐私和数据安全。通过学习本章内容，我们将进一步掌握 Python 的面向对象编程技术，如类与对象、属性、方法和继承等，并通过案例深化理解。

本章知识导图

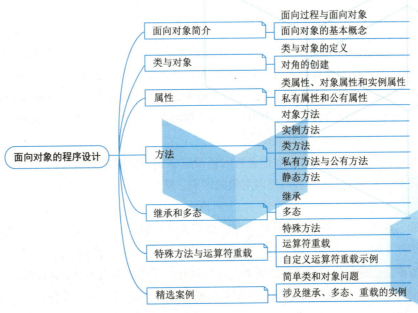

学习目标

➢ 理解面向对象三大主要特点以及与面向过程开发的区别
➢ 掌握类与对象的定义
➢ 熟悉对象的引用
➢ 掌握构造方法的作用与定义语法要求
➢ 掌握类属性和方法
➢ 掌握继承和多态的概念

面向对象（object oriented,OO）是现在最为流行的软件设计与开发方法，Python除了支持传统的面向过程开发之外，也支持基于面向对象的程序设计，从而开发出结构更加合理的程序代码，使程序的可重用性得到进一步提升。

8.1 面向对象简介

面向对象程序设计（object oriented programming，OOP）是一种计算机编程架构。OOP的一条基本原则是计算机程序由单个能够起到子程序作用的单元或对象组合而成。OOP达到了软件工程的三个主要目标：重用性、灵活性和扩展性。OOP=对象+类+继承+多态+消息，其中核心概念是类和对象。

面向对象程序设计方法是尽可能模拟人类的思维方式，使得软件的开发方法与过程尽可能接近人类认识世界、解决现实问题的方法和过程，也即使得描述问题的问题空间与问题的解决方案空间在结构上尽可能一致，把客观世界中的实体抽象为问题域中的对象。

面向对象程序设计以对象为核心，该方法认为程序由一系列对象组成。类是对现实世界的抽象，包括表示静态属性的数据和对数据的操作，对象是类的实例化。对象间通过消息传递相互通信，来模拟现实世界中不同实体间的联系。在面向对象的程序设计中，对象是组成程序的基本模块。

8.1.1 面向过程与面向对象

视频
面向对象和面向过程对比

面向对象是现在最为流行的一种程序设计方法，几乎所有的程序开发都是以面向对象为基础。但是，在面向对象设计之前，面向过程被广泛采用。面向过程只是针对自己来解决问题，它是以程序的基本功能实现为主，并不会过多地考虑代码的标准性与可维护性。而面向对象，更多的是进行子模块化的设计，每一个模块都需要单独存在，并且可以被重复利用，所以，面向对象的开发是一个更加标准的开发模式。

面向过程与面向对象的区别,考虑到读者暂时还没有掌握面向对象的概念，所以本书先使用一些较为直白的方式帮助读者理解面向过程与面向对象的区别。例如，如果说现在想制造机器人，则可以有两种做法。

做法一（面向过程）：由个人准备好所有制造机器人的材料，而后按照自己的标准制造机器人，这样机器人各个部件（躯干、头部、四肢等）的尺寸以及连接的标准全部需要自行定义，一旦某个部件出现了问题，就需要自己进行修理或者重新制造。这样设计出来的机器人不具备通用性。

做法二（面向对象）：首先由专业的设计团队将机器人的制造工艺进行拆分，而后详细设计出每个部件的定义标准以及各个部件之间的连接标准，随后将这些设计标准交付给相应的工厂进行制造，每个工厂的流水线只完成某一个部件的生产，最后再一起进行拼接，如果某个部件出现了问题，那么可以很方便地找到替代品。

1. 面向过程编程

面向过程程序设计不是面向对象程序设计的前提，从面向过程谈起主要是因为自面向对象程序设计一提出，两者就有太多对比。在这样的对比中，面向过程被形容成老化、僵硬的设计模式。它自上而下，按照功能逐渐细化，实现快速，但面对变化时束手无策。相比之下，面向对象具有封装性、重用性、扩展性等一系列优点。

面向过程其实是最为实际的一种思考方式，就算是面向对象的方法也是含有面向过程的思想。可以说面向过程是一种基础的方法。它考虑的是实际实现。一般的面向过程是从上往下、步步求精，所以面向过程最重要的是模块化的思想方法。

面向过程首先进行总体设计，将程序按功能分成若干模块，然后再进行详细设计从而完成模块内的设计。当程序规模不大时，面向过程方法的优势是程序流程清楚，可以按照模块与函数的方法进行组织，将一个复杂的问题逐层分解成若干个小问题，直到底层的每个小问题都能解决为止，最后将所有已解决的小问题逐层合并，从而将复杂的综合问题解决。

面向过程编程就是分析出解决问题所需要的步骤，然后用函数把这些步骤一步一步实现，用的时候一个一个依次调用即可。

相比面向过程，面向对象主要是把事物进行对象化。对象包括属性与行为。当程序规模不是很大时，面向过程的方法还会体现出一种优势。因为程序的流程很清楚，按模块函数的方法可以很好地组织。比如以将大象放进冰箱这件事为例，说明面向过程，可以粗略地将过程拟为：①打开冰箱门；②把大象放进去；③关上冰箱门。

而这三步就是一步一步地完成，它的顺序很重要，分析清楚后只需要一个一个地实现即可。而如果用面向对象的方法，可能就只抽象出大象的类，它包括上述三步方法，但是不一定按照原来的顺序执行。

2. 面向对象编程

面向对象程序设计可以看作一种在程序中包含各种独立而又互相调用的对象的思想，这与传统的思想刚好相反。传统的程序设计主张将程序看作一系列函数的集合。或者直接就是对计算机下达的指令。面向对象程序设计中的每一个对象都应该能够接收数据、处理数据并将数据传达给其他对象，因此它们都可以被看作一个小型的"机器"，即对象。

目前已经被证实的是，面向对象程序设计推广了程序的灵活性和可维护性，并且在大型项目设计中广为应用。面向对象程序设计要比以往的做法更加便于学习，因为它能够让人们更简单地设计并维护程序，使得程序更加便于分析、设计、理解，在处理变化上比面向过程更灵活。面向对象不仅指一种程序设计方法，更多意义上是一种程序开发方式。我们必须了解更多面向对象系统分析和面向对象设计（object oriented design,OOD）方面的知识。在当下最流行的四种程序设计语言中，只有C语言是面向过程的，Python语言、Java语言、C++语言都是面向对象程序设计语言。

1）对象

传统的数据和处理数据的函数封装起来，用对象来表示，数据变成了对象的状态，函数变成了对象的方法（行为）。这对象好比具有了处理问题能力的个体，它们各尽其责地处理自己的事情，程序处理变成了一个个对象间的相互协作。如果有变化产生，直接找到负责它的对象，由它来处理变化。

2）类

类是面向对象程序语言中的一个概念，表示具有相同行为对象的模板。类声明了对象的行为。它描述了该类对象能够做什么以及如何做的方法。一个类的不同对象具有相同的成员（属性、方法等），用类来表示对象的共性。

那么怎么来表示这种共性呢?类之间支持继承，可以用父类和子类来表示这层关系，用自然语言来形容，父类是子类一种更高程度的抽象，比如动物和哺乳动物。子类可以添加新的行为或者重新定义父类的行为来完成变化。允许子类重定义父类的行为，在对象间的相互协作尤为重要，可以把不同的子类对象都当作父类对象来看，这样可以屏蔽不同子类对象间的差异。在需求变化时，通过子类对象的替换在不改变对象协作关系的情况下完成变化，这种特性称为多态。封装、继承、多态被称为面向对象技术中的三大机制。

类是具有相同行为对象的模板，通过同一个类创建的不同对象具有相同的行为。对象是类的一个具体例子(实例)。在面向对象设计程序时，一般从类的设计开始。

3）实例化

类的实例化是创建一个类的实例，即类的具体对象。也就是说，类设计得再好，也只是蓝图，具体的对象才是可以使用的东西。每当需要用一个实例化对象时，就需要从类来产生对象。

4）属性和成员函数

在一个类中包含两种成员，分别为属性和成员函数。属性就是类的数据，成员函数完成对属性的操作。在类中定义的函数就是类的方法，也就是成员函数。

8.1.2 面向对象的基本概念

面向对象的程序设计有三个主要的特性：封装性、继承性、多态性。下面简单介绍一下这三个特性，在本书后面的内容中会对这三种特性进行完整阐述。

1. 封装性

封装（encapsulation）是指将一个计算机系统中的数据以及与这个数据相关的一切操作语言（即描述每一个对象的属性以及其行为的程序代码）组装到一起，一并封装在一个有机的实体中，把它们封装在一个"模块"中，也就是一个类中，为软件结构的相关部件所具有的模块性提供良好的基础。在面向对象技术的相关原理以及程序语言中，封装的最基本单位是对象，而使得软件结构的相关部件的实现"高内聚、低耦合"的"最佳状态"便是面向对象技术的封装性所需要实现的最基本的目标。对于用户来说，对象是如何对各种行为进行操作、运行、实现等细节是不需要刨根问底了解清楚的，用户只需要通过封装外的通道对计算机进行相关方面的操作即可。大大地简化了操作的步骤，使用户使用起计算机来更加高效、更加得心应手。

2. 继承性

继承性（inheritance）是面向对象技术中的另外一个重要特点，其主要指的是两种或者两种以上的类之间的联系与区别。继承，顾名思义，是后者延续前者某些方面的特点，而在面向对象技术中则是指一个对象针对另一个对象的某些独有的特点、能力进行复制或者延续。如果按照继承源进行划分，则可以分为单继承（一个对象仅仅从另外一个对象中继承其相应的特点）与多继承（一个对象可以同时从另外两个或者两个以上对象中继承所需要的特点与能力，并且不会发生冲突等现象）；如果从继承中包含的内容进行划分，则继承可以分为四类，分别为取代继承（一个对象在继承另一个对象的能力与特点之后将父对象进行取代）、包含继承（一个对象在将另一个对象的能力与特点进行完全的继承之后，又继承了其他对象所包含的相应内容，结果导致这个对象所具有的能力与特点大于或等于父对象，实现了对于父对象的包含）、受限继承、特化继承。

3. 多态性

从宏观的角度来讲，多态性(polymorphism)是指在面向对象技术中，当不同的多个对象同时接收到同一个完全相同的消息之后，所表现出来的动作是各不相同的，具有多种形态；从微观的角度来讲，多态性是指在一组对象的一个类中，面向对象技术可以使用相同的调用方式来对相同的函数名进行调用，即便这若干个具有相同函数名的函数所表示的函数是不同的。

8.2 类与对象

类是一种用户自定义的数据类型，是对具有共同属性和行为的抽象描述，这个共同属性称为类属性。共同行为是类中的成员函数，又称成员方法。

类是创建实例的模板，而实例则是一个个具体的对象。各个实例拥有的数据就是属性。它们都是互相独立的。方法就是与实例绑定的函数，它与普通函数不同，方法可以直接访问实例的数据。通过在实例上调用方法，就可以直接操作对象内部的数据。而无须知道方法内部的实现细节。

例如，在现实生活中，人就可以表示为一个类，因为人本身属于一种广义的概念，并不是一个具体个体描述。而某一个具体的人，例如，张三同学就可以称为对象，可以通过各种信息完整地描述这个具体的人，如这个人的姓名、年龄、性别等信息，那么这些信息在面向对象的概念中称为属性(或者称为成员属性，实际上就是不同数据类型的变量，所以也称为成员变量)，当然人是可以吃饭、睡觉的，那么这些人的行为在类中就称为方法。也就是说，如果要使用一个类，就一定会产生对象，每个对象之间根据属性进行区分，而每个对象所具备的操作就是类中规定好的方法。类与对象的关系如图8.1所示。

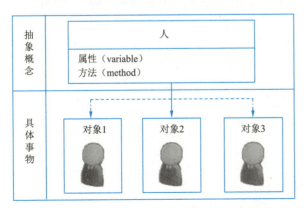

图 8.1　类与对象关系示意图

通过图8.1可以发现，一个类的基本组成单元有两个。

属性（variable）：主要用于保存对象的具体特征。例如：不同的人都有姓名、性别、学历、身高、体重等信息，但是不同的人都有不同的内容定义，而类就需要对这些描述信息进行统一的管理，在Python类定义时属性分为"类属性"与"实例属性"两种。

方法（method）：用于描述功能。例如，跑步、吃饭、唱歌，所有人类的实例化对象都有相同的功能。类与对象的主要区别在于：类是对象的模板，而对象是类的实例，即对象具备的所有行为都是由类定义的。按照这种方式可以理解为，在开发中，应该先定义出类的结构，然后通过对象使用该类。

8.2.1 类与对象的定义

类是具有相同属性和方法的对象的集合，在Python中用关键字class定义。一个类中可以定义若干个属性和方法。在类中定义的方法直接使用def关键字声明即可，类中的属性则必须采用"对象实例.属性名称"的形式进行定义，而对象实例的描述则需要以方法参数的形式定义后才可以使用。

类定义格式如下：

```
class 类名(object):
    属性
    方法
```

说明：如果类派生自其他类，则需要将所有基类放到圆括号中。类名以大写字母开头。类体包括属性与方法定义，还包括该类的被继承类。如果没有被继承类，就用本类名代表类，这个没被继承的类也是所有类都可以继承的类。

类的定义形式多样，既可以直接创建新的类，还可以基于一个或多个已有的类创建新类，即可以直接创建一个空类，然后再动态添加属性和方法，也可以在创建类的同时设置属性和方法。

实例如下：

```
class People:                    # 定义一个空类
    pass                         # 一个空语句，起到占位的作用
```

8.2.2 对象的创建

对象是类的实例，创建对象就是将类实例化。只有创建对象后，对象的属性才可以使用。

创建对象的格式：

```
对象名 = 类名(参数列表)
```

实例如下：

```
people1=People()
people2=People()
people3=People()
```

说明：一个类可以有多个对象，每次创建对象时，系统都会为对象分配一块内存区域，每次分配的内存区域不同，因而实际运行时会有不同的对象地址。

8.3 属性

属性是用以描述类和对象的各类数据，所以可分为类属性、对象属性和实例属性，还可以分为私有属性和公有属性。

8.3.1 类属性、对象属性和实例属性

1. 类属性

类属性定义在类的内部、方法的外部，它可以由该类的所有对象共享，不属于某一个对象。

例如：

```
>>> class People:
        name='ming'
>>> People.name
Ming
```

2. 对象属性

1）添加属性

对象属性是描述对象的数据。对象属性可以在类定义中添加，也可以在调用实例时添加。

实例如下：

```
>>> class People:
        name='ming'
>>> People.name
mine
>>> people=People()
>>> people1=People()
>>> people.name
'ming'
>>> people1.name
'ming'
>>> people.name='liang'
>>> people1.name='yun'
>>> People.name
'ming'
>>> people.name
'liang'
>>> people1.name
'yun'
>>> People.name='fang'
>>> people.name
'liang'
>>> people1.name
```

```
'yun'
>>> people.age=18
>>> People.age
Traceback(most    recent    call    last):
  File "<pyshell#18>",line 1,in <module>
    People.age
AttributeError:type    object'People!has no attribute'age!
>>> people1.age
Traceback(most    recent    call    last):
  File "<pyshell#19>",line 1,in <module>
    people1.age
AttributeError:'People!object    has    no    attribute    'age
>>> People.age=20
>>> people.age
18
>>> people1.age
20
```

说明：由上面程序可以看出，属性具有相对独立性。在类中添加某属性时，则由该类创建的对象也会有某属性。反过来，若该类无某属性，而类的对象增加了某属性，则不会使类增加某属性，也不会使类的其他对象增加某属性。属性值的改变也是如此。而实际上，并不止这么简单。这属性支持保护机制，如果设置属性为只读，则无法改变其值、也无法为属性增加与属性同名的新成员，更无法删除对象属性。

2）删除对象属性

用del语句可以删除对象的属性。

实例如下：

```
>>> del people1.add
>>> people1.add
Traceback(most    recent    call    last):
  File "<pyshell#28>",line 1,in <module>
    people1.add
AttributeError:'People!object    has    no    attribute    'add!
```

说明：用del语句可以删除对象的属性，而不影响类的属性。当对象的属性删除后，再访问该属性会抛出异常。

3. 实例属性

实例属性主要在构造方法__init__()中定义，在定义中和在实例方法中访问属性时以self为前缀，同一类的不同对象的属性之间互不影响。

实例如下：

```
>>> class Emp():
```

```
def __init__(self):
    self.name='li'
```

在主程序中或类的外部，属于对象的属性只能通过对象名访问，而属于类的属性可以通过类名或对象名访问。

实例属性和具体的实例对象有关系，并且各个实例对象之间不共享实例属性，实例属性仅在自己的实例对象中使用，其他实例对象不能直接使用，因 self 值属于该实例对象。实例对象在类外面，可以通过"实例对象.实例属性"调用。在类中通过"self.实例属性"调用。

8.3.2 私有属性和公有属性

在Python中，属性分为公有属性和私有属性。公有属性可以在类的外部调用，私有属性 不能在类的外部调用，只可以在方法中访问私有属性。公有属性可以是任意变量，私有属性是以双下画线(__)开头的变量。

属性支持保护机制，如果设置属性为只读，则无法改变其值，也无法为属性增加与属性同名的新成员，更无法删除对象属性。约定两个下画线开头，但不以两个下画线结束的属性是私有属性，其他为公有属性。仅可以在方法中访问私有属性。

实例如下：

```
class parent():
    i=1
    __j=2
class child(parent):
    m=3
    __n=4
    def __init__(self,age,name):
        self.age=age
        self.name=name
        def des(self):
            print(self.name,self.age)
            c=child("zhang",10)
            C=des()
            print(child.i,child.m)
```

```
# 通过对象可以访问类的公有属性m与父类的公有属性i，能访问类的私有属性 __n 和父类的私有属性 __j
print(c.i)
#print(c.__j)
print(c.m)
#print(c.__n)
# 通过类可以访问类的公有属性
print(child.i,child.m)
# 通过类无法访问实例属性
```

```
print(child.age,child.name)
```

运行程序，结果如下：

```
10    zhang
1
3
1 3
```

8.4 方法

在类中，用def语句编写函数类的相关功能称为方法。之所以用到方法，是为了减少代码的冗余，提高代码的重用性。

类的方法分为私有方法、公有方法、静态方法和类方法。编写方法和编写函数一样，私有方法和公有方法属于对象的实例方法，其中私有方法的名字以两个下画线开始，公有方法通过对象名直接调用，私有方法不能通过对象名直接调用，只能在其他方法中通过前缀self进行调用或在外部通过特殊的形式调用。

8.4.1 对象方法

1. 对象方法的定义

对象方法在类中定义，以关键字self作为第一个参数。self参数代表调用这个方法的对象。调用时，可以不用传递这个参数，系统将自动调用方法的对象作为self参数传入。例如：

```
class StClass():
    a=3
    def run(self):
        self.a=6
```

说明：上面程序定义了一个类StClass，有一个类属性和一个对象方法。定义run()方法时，self为默认参数，并在方法中用self.a定义了一个对象属性，此属性与类属性同名。

2. 对象的调用

1）属性的调用格式

对象名.属性

例如：

```
zhang=StClass()              # 实例化对象
print(zhang.a)
```

2）对象方法的调用格式

对象名.对象方法

例如：

```
class stClass():
    a=3
    def run(self):
        self.a=6
zhang=StClass()                    # 实例化对象
print(zhang.a)
zhang.run()
print(zhang.a)
```

运行结果：

```
3
6
```

8.4.2 实例方法

类的实例(构造)方法是指对某个对象进行初始化(即实例化)时，对数据进行初始化。

1. 实例方法的格式与特点

1）实例方法的格式

```
def __init__(self,…):
语句块
```

__init__()方法可以包含多个参数，但第一个参数必须是self。

实例如下：

```
class StClass():
    def __init__ (self,name,id):
        print("name:",name,"ID:",id)
a=StClass('nana','20-1')           # 创建对象，传递参数给构造函数
```

运行结果如下：

```
name:nana    ID:20-1
```

2）类对象的创建与初始化实例

```
class Person:
    def __init__(self,age,sex):
        Self.age=age
        self.sex=sex
    def info(self):
        print(" 年龄:%d"%self.age)
per=Person(20,'男')
per.info()
```

运行结果如下：

```
年龄:20
```

3）实例方法的特点

（1）实例方法的第一个参数必须是self。self代表实例本身，也就是说如果实例化时使用的是：t=Test(),那么self就代表t这个实例。

（2）在调用实例方法时，self是自动传递的，所以不需要再处理。

（3）实例方法一般要有实例才能调用，当然也有特殊的调用方法。

实例如下：

```
class  Test(object):
    def  __init__(self,a,b):           # 构造器在实例创建时进行属性的初始化
        self.a=int(a)
        self.b=int(b)
    def  abc(self,c);                  # 实例方法
        #self 是自动传递的，可以在实例方法中调用实例的属性
        print(self.a+self.b+int(c))
a=Test(123,321)                        # 为 a 和 b 传参数
a.abc(666)                             # 为 c 传参数
```

运行结果如下：

```
1110
```

2. 析构方法

析构方法del又称为析构函数，用于删除类的实例。

实例如下：

```
class Person:
    def __init__(self):
        print("创建对象")
    def __del__(self):
        print("  清除对象")
person1=Person()
del person1
```

运行结果如下：

```
创建对象
清除对象
```

8.4.3 类方法

在Python中，类方法@classmethod 是一个函数修饰符，它表示接下来的是一个类方法，而对于平常见到的则称为实例方法。类方法的第一个参数为cls，而实例方法的第一个参数为self，表示该类的一个实例。

普通对象方法至少需要一个self参数，代表类对象实例。

类方法由类变量cls传入，从而可以用cls做一些相关的处理。当有子类继承时，调用该类方法时，传入的类变量cls是子类，而非父类。对于类方法，可以通过类调用，就像C.f()类似C++中的静态方法，

也可以通过类的一个实例来调用，就像C().f()。

实例如下：

```
class Test(object):
    def abc(cls):
        print(cls.__name__)          # 打印类名
abc=classmethod(abc)                 # 通过普通的函数传参的方式创建类方法
a=Test()
Test.abc()                           # 类能调用
a.abc()                              # 实例也能调用
```

运行结果为：

```
Test
Test
```

8.4.4 私有方法与公有方法

与私有属性类似，类的私有方法是以两个下画线开头但不以两个下画线结束的方法，其他的都是公有方法。私有方法不能直接访问，但可以被其他方法访问。私有方法也不可在类外使用。

实例如下：

```
class  Person:
    def  __init__(self,name):
        self.name=name
        print(self.name)
    def  work(self,salary):
        print("%s salary is:%d"%(self.name,salary))
if __name__=="__main__":
    officer=Person("Tom")
    officer.__work(1000)
```

运行结果如下：

```
mom
Traceback(most recent  all last):
File
"C:/Users/hp/AppData/Local/Programs/Python/Python35-32/333.py",line
11,in    <module>
  officer.  work(1000)
AttributeError:'Person!object    has    no    attribute    'work1
```

说明：从以上程序及运行结果可知，officer.__work是私有方法，无法在类外调用。

因此将程序进行修改如下：

```
class  Person:
    def __init__(self,name):
```

```
            self.name=name
            print(self.name)
    def __work(self,salary):
            print("%s salary is:%d"%(self.name,salary))
    def worker(self):
            self.work(500)              # 在类内部调用私有方法
if __name__=="__main__":
    officer=Person("Tom")
    officer.worker()
```

运行结果为：

```
Tom
Tom salary is:500
```

8.4.5 静态方法

静态方法其实就是类中的一个普通函数，它并没有默认传递的参数。在创建静态方法时，需要用到内置函数——staticmethod()。装饰器@staticmethod把后面的函数和所属的类截断后，该函数就不属于该类了，即没有类的属性了，要通过类名的方式调用。

实例如下：

```
class Test(object):
    def abc():
        print('abc')
    abc=staticmethod(abc)
    @staticmethod
    def xyz(a,b):
        print(a+b) Test.abc()
Test.abc()                    # 类调用
Test.xyz(1,2)                 # 类调用
a=Test()
a.abc()                       # 实例调用
a.xyz(3,4)                    # 实例调用
```

说明：用静态方法把abc()方法与Test类截断后，abc()方法就没有类的属性了。要用类名的方式来调用。

运行结果如下：

```
abc
3
Abc
7
```

8.5 继承和多态

8.5.1 继承

继承是面向对象编程中的一个核心概念，它允许子类继承父类的属性和方法。通过继承，子类可以重用父类的代码，并且可以添加或覆盖父类的行为来定义新的行为。

在Python中，继承通过冒号（:）和访问修饰符实现。子类定义时，在类名后的括号中指定父类的名称。子类继承了父类的所有属性和方法，并且可以添加新的属性和方法，或者覆盖父类的行为。

下面是一个简单的示例代码，演示了如何使用继承：

```
class Animal:
    def __init__(self,name):
        self.name = name

    def speak(self):
        print(f"{self.name} says something")

class Dog(Animal):                          # Dog 类继承自 Animal 类
    def speak(self):                        # 覆盖父类的 speak() 方法
        print(f"{self.name} barks")

dog = Dog("Buddy")
dog.speak()                                 # 输出 "Buddy barks"
```

在上面的代码中，定义了一个Animal类和一个Dog类。Dog类继承自Animal类，并且覆盖了父类的speak()方法。当我们创建一个Dog对象并调用其speak()方法时，它将输出"Buddy barks"。

8.5.2 多态

多态是指不同对象对同一消息做出不同的响应。在面向对象编程中，多态是通过继承和方法重写实现的。子类可以覆盖父类的方法，并且使用自己的实现来替换父类的实现。这样，当我们使用父类引用指向子类对象时，调用该方法将会调用子类的实现而不是父类的实现。

下面的示例代码演示了多态的使用：

```
class Shape:
    def area(self):
        pass                                #抽象方法，需要在子类中实现

class Circle(Shape):                        #Circle 类继承自 Shape 类
    def __init__(self, radius):
        self.radius = radius
```

```python
        def area(self):                              # 实现父类的抽象方法
            return 3.14 * self.radius ** 2

    class Rectangle(Shape):                          #Rectangle类继承自Shape类
        def __init__(self, width, height):
            self.width = width
            self.height = height

        def area(self):                              # 实现父类的抽象方法
            return self.width * self.height

    shapes = [Circle(5), Rectangle(4, 6)]            # 创建多个不同类型的Shape对象
    for shape in shapes:       # 遍历列表中的对象并调用它们的area()方法
        print("Shape area:", shape.area())           # 根据对象的实际类型调用相应的方法实现，这就
是多态性
```

在上面的代码中，定义了一个Shape类、一个Circle类和一个Rectangle类。Shape类是一个抽象类，它定义了一个area()方法但没有实现。Circle类和Rectangle类分别继承了Shape类，并且实现了自己的area()方法。创建一个包含多个不同类型的Shape对象的列表，并遍历该列表调用每个对象的area()方法。由于每个对象都是Shape类型的引用，但实际上是Circle或Rectangle类型的对象，因此调用area()方法时会根据对象的实际类型调用相应的方法实现。这就是多态性的体现。

8.6 特殊方法与运算符重载

在Python中，类中的特殊方法允许用户自定义类的行为，以便与Python内置类型更加一致。这些特殊方法通常以双下画线开头和结尾，如__init__()、__str__()等。此外，Python还允许我们通过重载运算符定义类的行为，如重载加法运算符+、比较运算符<等。

8.6.1 特殊方法

__init__(self, [args...])：构造方法，当一个对象被创建时自动调用。

__str__(self)：返回一个对象的字符串表示，当使用print()函数打印对象时自动调用。

__repr__(self)：返回一个对象的官方字符串表示，通常用于开发和调试。

__del__(self)：析构方法，当对象被销毁时自动调用。

示例代码如下：

```python
class Person:
    def __init__(self, name, age):
        self.name = name
        self.age = age

    def __str__(self):
```

```
            return f"{self.name}, {self.age} years old"

    def __repr__(self):
        return f"Person('{self.name}', {self.age})"

person = Person("Alice", 30)
print(person)              # 调用 __str__() 方法，输出 "Alice, 30 years old"
print(repr(person))        # 调用 __repr__() 方法，输出 "Person('Alice', 30)"
```

8.6.2 运算符重载

__add__(self, other)：定义加法运算符+的行为。

__sub__(self, other)：定义减法运算符-的行为。

__mul__(self, other)：定义乘法运算符*的行为。

__truediv__(self, other)：定义除法运算符/的行为。

__eq__(self, other)：定义等于运算符==的行为。

__ne__(self, other)：定义不等于运算符!=的行为。

__lt__(self, other)：定义小于运算符<的行为。

__le__(self, other)：定义小于或等于运算符<=的行为。

__gt__(self, other)：定义大于运算符>的行为。

__ge__(self, other)：定义大于或等于运算符>=的行为。

示例代码如下：

```
class Vector:
    def __init__(self, x, y):
        self.x = x
        self.y = y

    def __add__(self, other):
        return Vector(self.x + other.x, self.y + other.y)

    def __str__(self):
        return f"({self.x}, {self.y})"

v1 = Vector(1, 2)
v2 = Vector(3, 4)
result = v1 + v2           # 调用 __add__() 方法，实现向量加法
print(result)              # 输出 "(4, 6)"
```

在这个例子中，创建了一个表示二维向量的类Vector，并重载了加法运算符+实现向量的加法操作。当对两个Vector对象使用加法运算符时，Python会自动调用的__add__()方法实现向量的加法操作。

8.6.3 自定义运算符重载示例

除了上述常见的运算符重载方法外，还可以自定义其他运算符的重载行为。例如，可以重载成员访问运算符.实现属性的动态访问，或者重载调用运算符()使得对象可以像函数一样被调用。

__getattr__(self, name)：定义当访问不存在的属性时的行为。

__setattr__(self, name, value)：定义当设置属性时的行为。

__delattr__(self, name)：定义当删除属性时的行为。

__call__(self, [args...])：定义当对象被像函数一样调用时的行为。

示例代码如下：

```python
class DynamicAttributes:
    def __init__(self):
        self._data = {}

    def __getattr__(self, name):
        if name in self._data:
            return self._data[name]
        else:
            raise AttributeError(f"'{self.__class__.__name__}' object has no attribute '{name}'")

    def __setattr__(self, name, value):
        if name == '_data':
            super().__setattr__(name, value)
        else:
            self._data[name] = value

    def __delattr__(self, name):
        if name in self._data:
            del self._data[name]
        else:
            raise AttributeError(f"'{self.__class__.__name__}' object has no attribute '{name}'")

obj = DynamicAttributes()
obj.x = 10                      # 动态添加属性x，值为10
print(obj.x)                    # 输出 10
del obj.x                       # 动态删除属性x
print(hasattr(obj, 'x'))        # 输出 False，属性 x 已被删除
```

在这个例子中，创建了一个DynamicAttributes类，通过重载__getattr__()、__setattr__()和__delattr__()方法实现属性的动态访问、设置和删除。这使得用户可以在运行时动态地给对象添加、修改或删除

属性，而不需要在类定义中预先声明这些属性。这种技术在处理具有不确定属性的数据结构时非常有用，例如处理JSON数据或配置文件等。

总之，Python中的特殊方法和运算符重载为用户提供了强大的自定义类行为的能力。通过合理地使用这些特性，可以创建出更加灵活、易用的类，使得代码更加简洁、直观和易于维护。

8.7 精选案例

Python从设计之初就是一门面向对象语言，正因为如此，在Python中创建一个类和对象是很容易的。下面通过编程实例介绍Python的面向对象编程。

8.7.1 简单类和对象问题

面向对象编程中两个非常重要的概念是类与对象，类是代码复用的一种机制。面向对象编程的重点在于类的设计，如何将一个大的项目拆分为不同的、必要的类。类的功能是单一的，而不是将不同的功能糅杂到一个类中。

类就是一个模板，是抽象的。对象是由类创建出来的实例，是具体的。由同一个类创建出来的对象拥有相同的方法和属性，但属性的值可以是不同的。不同的对象是不同的实例，互不干扰。

【例8.1】创建一个银行账户类并模拟它的存款、取款和转账操作。

分析：将银行账户看作一个类，而存款、取款和转账等作为该类的方法。具体某位储户看作一个对象。

```
class BankAccount:
    def __init__(self, name, balance):
        self.name = name
        self.balance = balance
    def deposit(self, amount):
        self.balance += amount
    def withdraw(self, amount):
        if amount > self.balance:
            print("余额不足，取款失败。")
        else:
            self.balance -= amount
    def transfer(self, friend, amount):
        if amount > self.balance:
            print("余额不足，转账失败。")
        else:
            self.balance -= amount
            friend.deposit(amount)
account1 = BankAccount("张三", 1000)
account2 = BankAccount("李四", 2000)
account1.withdraw(500)
```

```
account2.deposit(500)
account1.transfer(account2, 300)
```

【例8.2】小明和小美都爱跑步：小明体重75 kg；小美体重45 kg，每次跑步会减肥0.5 kg，每次吃东西体重增加1 kg。试运用面向对象程序模拟该过程。

分析：小明、小美都可以视为一个个具体的对象，所以在此基础上应该抽象成一个类，小明、小美是具体对象的姓名，体重是另一个属性，而跑步、吃东西都是一种行为，所以也有跑步、吃东西这两个方法。

代码如下：

```
class Person:
    # 构造方法
    def __init__(self, name, weight):
        # 两个实例属性
        self.name = name
        self.weight = weight
    # 打印实例对象会返回的内容
    def __str__(self):
        return f" 名字:{self.name} 体重:{self.weight} 很爱跑步 "
    # 跑步实例方法
    def run(self):
        print(f"{self.name} 在跑步,体重减少 0.5 kg")
        self.weight -= 0.5
    # 吃饭实例方法
    def eat(self):
        print(f"{self.name} 在吃饭,体重增加 1 kg ")
        self.weight += 1
# 实例对象一：小明
xiaoming = Person(" 小明 ", 75)
print(xiaoming)
xiaoming.eat()
xiaoming.run()
print(xiaoming)
# 实例对象二：小美
xiaomei = Person(" 小美 ", 45)
print(xiaomei)
xiaomei.eat()
xiaomei.run()
print(xiaomei)
```

输出结果如下：

```
名字: 小明 体重:75 很爱跑步
小明 在吃饭,体重增加 1 kg
```

```
小明 在跑步，体重减少 0.5 kg
名字：小明 体重：75.5 很爱跑步
名字：小美 体重：45 很爱跑步
小美 在吃饭，体重增加 1 kg
小美 在跑步，体重减少 0.5 kg
名字：小美 体重：45.5 很爱跑步
```

【例8.3】假设房子（house）有户型、总面积、家具名称列表，新房子中没有任何家具；家具（houseitem）有名字、占地面积。如果存在以下三种家具：

（1）席梦思（bed）占地 4 m²。

（2）衣柜（chest）占地 2 m²。

（3）餐桌（table）占地 1.5 m²。

将以上三个家具添加到房子中并在打印房子时，要求模拟输出：户型、总面积、剩余面积、家具名称列表。

分析：家具有两个属性，房子表面上有三个属性，而新房子没有任何家具，代表构造方法不需要给家具名称列表属性初始化赋值；但房子其实还有一个特殊属性，剩余面积，它的初始值应该和总面积相同，房子添加家具后，剩余面积应该减掉家具的占地面积；席梦思、衣柜、餐桌都是一个具体的对象，都是家具类的实例对象。

在设计房子、家具两个类时应该先开发家具类，因为家具类简单且只有两个方法，没有行为；房子要使用到家具，被依赖的类，通常应该先开发家具，可以避免在开发主类过程中，要中途插入开发被依赖的类。

示例代码如下：

```python
# 家具类
class HouseItem:
    # 构造方法
    def __init__(self, name, area):
        self.name = name
        self.area = area
    def __str__(self):
        return f"家具名称:{self.name}  占地面积:{self.area}"
# 房子类
class House:
    # 构造方法
    def __init__(self, type, area):
        self.house_type = type
        self.area = area
        # 剩余面积
        self.free_area = self.area
        # 家具名称列表
        self.item_list = []
```

```python
    def __str__(self):
        return f"户型:{self.house_type}\n" \
               f"总面积:{self.area}\n" \
               f"剩余面积:{self.free_area}\n" \
               f"家具:{self.item_list}\n"
    # 添加家具
    def add_item(self, item):
        #1.家具占地面积 > 剩余面积
        if item.area > self.free_area:
            print("剩余面积不足以添加 ", item.name)
            return
        #2.添加家具名称
        self.item_list.append(item.name)
        #3.计算剩余面积
        self.free_area -= item.area
# 执行代码创建三个家具
bed = HouseItem("席梦思", 4)
chest = HouseItem("衣柜", 2)
table = HouseItem("餐桌", 1.5)
# 创建房子实例对象
poloHouse = House("120 m² 复式", 120)
# 添加家具
poloHouse.add_item(bed)
poloHouse.add_item(chest)
poloHouse.add_item(table)
# 打印房子信息
print(poloHouse)
```

输出结果:

户型:120 m² 复式
总面积:120
剩余面积:112.5
家具:['席梦思', '衣柜', '餐桌']

8.7.2 涉及继承、多态、重载的实例

封装、继承和多态是面向对象的三大特征,这三种特征都是面向对象编程语言自身提供的机制,可以让用户更方便地进行面向对象程序设计。

封装让用户可以访问需要的方法,禁止访问不必要的方法,屏蔽了类内部的复杂性。

继承使得子类可以继承父类的代码,也是一种代码复用手段,增强了类与类之间的逻辑结果关系。同时,继承也是多态的必要条件。

多态可以让一个事物(对象)表现出多种形态,多态是面向对象编程中一个非常强大的特性。

【例8.4】使用面向对象方法，实现下列出租车和家用车信息：

乘客您好！
我是长城出租车公司的，我的车牌是京A9765，请问您要去哪里
目的地到了，请您付款下车，欢迎再次乘坐
我是武大，我的汽车我做主
目的地到了，我们出去玩

分析：定义一个汽车类，有汽车品牌、车牌属性，有启动、停止方法；而出租车和家用车属于汽车类的子类，因此可以继承汽车类的属性和方法，同时出租车和家用车属于汽车类的子类也可以重载父类方法。

示例代码如下：

```python
class Car(object):                              # 定义一个汽车类
    def __init__(self,type,no):                 # 初始化属性，汽车品牌、车牌
        self.type=type
        self.no=no
    def start(self):
        pass
    def stop(self):
        pass
class Taxi(Car):                                # 定义出租车类调用父类 Car
    def __init__(self,type,no,company):         # 继承父类方法，并且补充自身类的属性
        super().__init__(type,no)               # 继承调用父类属性
        self.company=company
    def start(self):                            # 重写类方法
        print(' 乘客您好！ ')
        print(' 我是 {self.company} 出租车公司的，我的车牌是 {self.no}，请问您要去哪里 ')
    def stop(self):
        print(' 目的地到了，请您付款下车，欢迎再次乘坐 ')
class FamilyCar(Car):
    def __init__(self,type,no,name):
        super().__init__(type,no)
        self.name=name
    def stop(self):
        print(' 目的地到了，我们出去玩 ')
    def start(self):
        print(f' 我是 {self.name}，我的汽车我做主 ')
if __name__ == '__main__':
    taxi=Taxi(' 上海大众 ',' 京 A9765',' 长城 ')   # 类实例化和传参
    taxi.start()
    taxi.stop()
    print('-'*30)
```

```
FamilyCar=FamilyCar('广汽丰田','京B88888','武大')
FamilyCar.start()
FamilyCar.stop()
```

输出结果如下:

```
乘客您好!
我是长城出租车公司的,我的车牌是京A9765,请问您要去哪里
目的地到了,请您付款下车,欢迎再次乘坐
我是武大,我的汽车我做主
目的地到了,我们出去玩
```

【例8.5】在Python中使用迭代器反转字符串。

```
class Reverse:
    def __init__(self, data):
        self.data = data
        self.index = len(data)
    def __iter__(self):
        return self
    def __next__(self):
        if self.index == 0:
            raise StopIteration
        self.index = self.index - 1
        return self.data[self.index]
test = Reverse('Python')
for char in test:
    print(char)
```

输出如下:

```
n
o
h
t
y
p
```

【例8.6】使用类的组合和聚合描述员工及其薪水salary之间的关系。

分析:组合和聚合都可描述类与类之间的关系。组合是一种强关系,表示一个类是由另一个类的实例组成的,而聚合是一种弱关系,表示一个类可以包含另一个类的实例。在实际编程中,可以根据需要选择使用组合或聚合描述不同类之间的关系。

示例代码如下:

```
# 组合
class Salary:
```

```
    def __init__(self, pay):
        self.pay = pay
    def get_total(self):
        return (self.pay*12)
class Employee:
    def __init__(self, pay, bonus):
        self.pay = pay
        self.bonus = bonus
        self.obj_salary = Salary(self.pay)
    def annual_salary(self):
        return "Total: " + str(self.obj_salary.get_total() + self.bonus)
obj_emp = Employee(600, 500)
print(obj_emp.annual_salary())
```

输出结果为:

```
Total: 7700
```

示例代码如下:

```
# 聚合
class Salary:
    def __init__(self, pay):
        self.pay = pay
    def get_total(self):
        return (self.pay*12)
class Employee:
    def __init__(self, pay, bonus):
        self.pay = pay
        self.bonus = bonus
    def annual_salary(self):
        return "Total: " + str(self.pay.get_total() + self.bonus)
obj_sal = Salary(600)
obj_emp = Employee(obj_sal, 500)
print(obj_emp.annual_salary())
```

输出结果为:

```
Total: 7700
```

小结

通过本章的学习，我们深入了解了Python语言的面向对象编程技术，掌握了类与对象、属性、方法、继承和多态等核心概念和技术。同时，我们还学习了特殊方法与运算符重载的内容，并通过精彩案例赏析加深了对面向对象编程技术的理解和应用。

在面向对象编程的学习过程中,我们不仅要注重技术层面的掌握,更要关注思政层面的提升。作为程序员,我们应该具备高度的责任感和使命感,时刻牢记自己的职业使命和社会责任。在编写程序时,我们要始终遵循法律法规和道德规范,注重保护用户的隐私和数据安全,避免出现任何违法违规行为。

同时,我们还要注重培养自己的创新精神和团队合作精神。在软件开发过程中,我们要积极探索新技术和新方法,不断提高自己的编程能力和水平。同时,我们还要善于与他人合作和沟通,注重团队协作和集体智慧的力量,共同推动软件行业的发展和进步。

总之,面向对象编程技术是 Python 语言的重要组成部分,也是现代软件开发的核心技术之一。通过本章的学习,我们不仅掌握了相关的技术和概念,还培养了自己的编程思想和职业素养。希望大家能够在今后的学习和工作中不断应用和实践所学知识,为推动软件行业的发展和进步做出自己的贡献。

习题

一、选择题

1. 以下不是面向对象编程特性的是( )。
   A. 封装　　　　　　B. 继承　　　　　　C. 多态　　　　　　D. 过程调用
2. 在 Python 中,定义一个类使用的关键字是( )。
   A. class　　　　　　B. def　　　　　　　C. create　　　　　　D. object
3. 创建一个类的实例的方法是( )。
   A. 使用关键字 new　　　　　　　　　　B. 调用类的名称并加上括号
   C. 使用关键字 instance　　　　　　　　D. 使用关键字 object
4. 以下关于类属性和对象属性描述正确的是( )。
   A. 类属性是类的所有实例共享的　　　　B. 对象属性是类的所有实例共享的
   C. 类属性和对象属性都是每个实例独立的　D. 类属性和对象属性都不能在实例之间共享
5. 私有属性在 Python 中的命名约定是( )。
   A. 以一个下画线开头　　　　　　　　　B. 以两个下画线开头和结尾
   C. 以一个下画线和一个字母 m 开头　　　D. 以字母 p 开头
6. 在 Python 中定义方法时使用的装饰器 @classmethod 表示该方法是一个( )。
   A. 对象方法　　　　B. 实例方法　　　　C. 类方法　　　　　D. 静态方法
7. 以下关于继承和多态的描述正确的是( )。
   A. 继承允许一个类从多个父类继承属性和方法
   B. 多态允许子类以父类的形式出现,但实现不同的功能
   C. 继承和多态在 Python 中不是面向对象编程的特性
   D. 以上都不正确
8. 在 Python 中,运算符重载通过( )实现。
   A. 定义特殊方法　　B. 使用装饰器　　　C. 继承内置类　　　D. 以上都不正确
9. 以下不是特殊方法命名约定的是( )。

A. __init__　　　B. __str__　　　C. __del__　　　D. __main__

10. 以下代码的输出是（　　）。

```python
class Test:
    def __init__(self):
        self._x = 10
    def get_x(self):
        return self._x
t = Test()
print(t.get_x())
```

A. 10　　　B. None　　　C. Error　　　D. 以上都不正确

11. 在 Python 中，用于定义静态方法的关键字是（　　）。

A. @static　　　B. @staticmethod　　　C. @staticfunc　　　D. @statmethod

12. 关于面向对象编程，以下说法错误的是（　　）。

A. 它将数据和相关操作封装在一起，形成对象

B. 它主要关注程序的功能需求，而不是数据结构

C. 它提供了代码的重用性、可维护性和可扩展性

D. 它广泛应用于现代软件开发中

13. 以下不是面向对象编程与面向过程编程主要区别的是（　　）。

A. 数据结构的设计和使用方式

B. 程序的组织和构建方式

C. 代码的执行效率

D. 对现实世界的抽象和建模方式

14. 以下（　　）代码段正确地定义了一个类，并在其中定义了一个对象方法。

A. class MyClass:
　　　def my_function(self):
　　　　　pass

B. class MyClass:
　　　def my_function():
　　　　　pass

C. class MyClass:
　　　my_function = lambda self: None

D. class MyClass:
　　　def my_function(self, other):
　　　　　pass

15. 以下（　　）代码段演示了类的继承。

A. class Parent:
　　　pass
　　class Child:
　　　pass

B. class Parent:
　　　pass
　　class Child(Parent):
　　　pass

C. class Parent(Child):
    　　pass
    class Child:
    　　pass

D. class Parent:
    　　pass
    class Child(object):
    　　pass

二、编程题

1. 定义一个名为 Person 的类，该类具有 name 和 age 属性，以及一个 greet() 方法，该方法打印出 "Hello, my name is [name] and I am [age] years old."。

2. 在 Person 类的基础上，定义一个子类 Student，该类添加了一个 student_id 属性和一个 study 方法，该方法打印出 "I am studying with student ID: [student_id]"。

3. 在 Person 类中定义一个私有属性 __private_attribute 和一个公有属性 public_attribute。创建一个 Person 对象并尝试从外部访问这两个属性。

4. 定义一个名为 Shape 的类，该类具有一个 area() 方法，该方法返回形状的面积。然后定义两个子类 Circle 和 Rectangle，分别具有 radius 和 width、height 属性，并实现它们各自的 area() 方法。

5. 在 Shape 类中添加一个特殊方法 __str__，使得当打印一个 Shape 对象时，它返回该形状的描述和面积。例如，对于一个圆形，它可能返回 "Circle with radius 5 has area 78.54"。

第 9 章 Python 程序设计方法

编程总是在调用计算机的基本指令。如果完全用基础指令来完成所有操作，代码将超乎想象的冗长。一般许多特定的指令组合会重复出现，如果在程序中不停复用这些代码，则可以节省很多工作量。复用代码的关键是封装，即把执行特殊功能的指令打包成一个程序块，然后给这个程序块命名。如果需要重复使用该程序块，则通过调用程序块名称即可。

封装代码的方式很多，根据不同的方式，编写程序时要遵循特定的编程风格，如面向过程编程、面向对象编程、函数式编程、生态式编程等。

视频
程序设计方法

本章知识导图

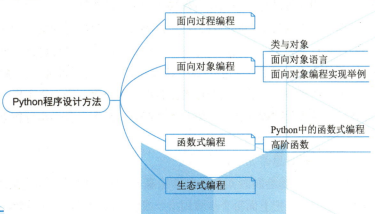

学习目标

➢ 了解 Python 中常见的面向过程编程、面向对象编程、函数式编程、生态式编程模式

➢ 理解面向过程编程、面向对象编程、函数式编程、生态式编程模式的特点及区别

▶ 掌握本章所介绍的四种编程模式,并能够在实践中灵活运用
▶ 掌握本章提供的编程案例,学会分析实际中采用合适的编程模式,并按照相应编程模式进行编程

9.1 面向过程编程

面向过程编程(结构化编程)是由E.W.Dijikstra在1965年提出的,是软件发展的一个重要的里程碑。它的主要观点是采用自顶向下、逐步求精的程序设计方法;使用三种基本控制结构构造程序,任何程序都可由顺序、选择、循环三种基本控制结构构造。是以模块化设计为中心,将待开发的软件系统划分为若干个相互独立的模块,这样使完成每个模块的工作变得单纯而明确,为设计一些较大的软件打下了良好的基础。

面向过程编程的主要特点如下:
(1)采用自顶向下,逐步求精的程序设计方法。
(2)使用三种基本控制结构构造程序
任何程序都可由顺序、选择、循环三种基本控制结构构造。
①用顺序方式对过程分解,确定各部分的执行顺序。
②用选择方式对过程分解,确定某个部分的执行条件。
③用循环方式对过程分解,确定某个部分进行重复的开始和结束的条件。
④对处理过程仍然模糊的部分反复使用以上分解方法,最终可将所有细节确定下来。

由于面向过程编程时模块相互独立,因此在设计其中一个模块时,不会受到其他模块的牵连,因而可将原来较为复杂的问题化简为一系列简单模块的设计。模块的独立性还为扩充已有的系统、建立新系统带来了不少的方便,因为用户可以充分利用现有模块作积木式的扩展。

面向过程编程是以指令和语句为中心的编程方法,这种方法依靠状态和变量的改变实现算法。在面向过程编程时,很多时候是自下而上的:创建一个变量,给变量赋值,进行运算,得到结果。

程序员通过编写一系列命令和流程控制语句修改状态和实现算法。面向过程编程好比一条流水线,首先分析出解决问题所需要的步骤,然后用指令或者函数把这些步骤一步一步实现。

面向过程是具体化的、流程化的程序设计。解决一个问题,需要一步一步分析需求,然后一步一步实现程序。

例如五子棋,面向过程的设计思路如下:
①开始游戏;②黑子先走;③绘制画面;④判断输赢;⑤轮到白子;⑥绘制画面;⑦判断输赢;⑧返回步骤②;⑨输出最后结果。把上面每个步骤用指令或者函数实现,问题就解决了。

再如学生早上起来去上学的面向过程设计思路如下:
①起床;②穿衣;③洗脸刷牙;④去学校。

```
# 起床
def get_up():
    print('我起床了')
```

```python
# 穿衣
def dress():
    print("穿衣服")
# 洗脸刷牙
def brush_teeth():
    print('刷牙,洗脸')
# 去学校
def go_school():
    print("去学校")
get_up()
dress()
brush_teeth()
go_school()
```

整个过程是按步骤一步一步执行的,最终达到目标。

9.2 面向对象编程

面向过程编程(POP)的重点在于过程二字。面向过程比较好理解,就是按照人们通常的思维方式,在做一件事情的时候,将这件事情划分为多个步骤,一步一步来做。

面向对象编程(OOP)的重点在于对象二字,主要的编程思想是围绕对象展开。在思考一个项目的时候,将项目中的重要点/关键点都设计成一个个类,每个类承担着不同的工作,不同的功能被归纳到不同的类中。然后,由类产生对象,这些对象之间的相互作用,最终组成了一个完整的项目。

9.2.1 类与对象

面向对象编程中两个非常重要的概念是类与对象,类是代码复用的一种机制。

类代表一类有着相同特征事物,是一个抽象的概念。由同一个类产生的对象,有着相同的特性。比如人类都会行走,会使用工具,需要呼吸和喝水,这都是人类的共性。

对象由类产生,是一个类的实例,创建对象的过程称为类的实例化。对象是具体的,而不是抽象的。同一类的不同对象,也有不同的属性。比如人类,有不同的性别、姓名和年龄等,这都是人类的不同属性。

设计模式是对面向对象编程的宝贵经验的归纳总结,让用户可以更方便地运用面向对象思想进行编程。

9.2.2 面向对象语言

Python语言是一门脚本语言,以简单优雅为设计理念,既可以面向过程编程,也可以面向对象编程,但不像C++语言那样有大量复杂枯燥的概念,Python语言更注重实用性。Python作为面向对象编程语言也有如下三大特征:

(1)封装:让用户可以访问需要的方法,禁止访问不必要的方法,屏蔽了类内部的复杂性。

(2)继承:使得子类可以继承父类的代码,也是一种代码复用手段,增强了类与类之间的逻辑结果关系。同时，继承也是多态的必要条件。

（3）多态：一个事物（对象）可以表现多种形态，多态是面向对象编程中一个非常强大的特性。

9.2.3 面向对象编程实现举例

面向对象编程的重点在于类的设计，如何将一个大的项目，拆分为不同的、必要的类。类的功能是单一的，而不是将不同的功能糅杂到一个类中。用面向对象编程如何实现去北京呢？

首先，需要设计出一个类，比如类名称为SomeOne，该类至少需要有四项功能：（1）去高铁站。（2）购买高铁票。（3）持票上高铁。（4）坐高铁到北京。

我们需要将这四项功能，写成四个方法，放在类SomeOne中，代码如下：

```python
# 定义一个类
class SomeOne:
    # 构造函数
    def __init__(self, name):
        self.name = name
    def to_high_station(self):
        print('%s 到了高铁站' % self.name)
    def buy_rail_tickets(self):
        print('%s 买了高铁票' % self.name)
    def geton_high_rail(self):
        print('%s 坐上了高铁' % self.name)
    def to_beijing(self):
        print('%s 到了北京' % self.name)
if __name__ == '__main__':
    # 创建一个类的对象
    i = SomeOne('小明')
    i.to_high_station()
    i.buy_rail_tickets()
    i.geton_high_rail()
    i.to_beijing()
```

将该代码写在文件SomeOne.py中，在控制台执行命令，运行结果如下：

```
小明 到了高铁站
小明 买了高铁票
小明 坐上了高铁
小明 到了北京
```

9.3 函数式编程

函数式编程历史悠久，早期一直限于学术圈。随着并行运算的发展，函数式编程变得越来越流行。

Python的函数式编程是一种编程范式，它是基于数学中的函数概念而产生的。在函数式编程中，函数可以像变量一样被传递和操作。函数式编程具有很多优点，包括代码的可读性、可维护性和可扩展性。

函数式编程的核心原则包括：

（1）纯函数：函数不应该有任何副作用，即对于相同的输入，总是返回相同的输出。

（2）不可变数据：数据不应该被修改，而是应该创建新的数据。

（3）高阶函数：函数可以接收其他函数作为参数，也可以返回函数作为输出。

（4）递归：函数可以通过调用自身实现递归。

Python提供了一些内置函数，如map()、filter()和reduce()等，用于支持函数式编程。

9.3.1　Python 中的函数式编程

在前面，我们学习了面向过程编程。面向过程编程利用选择、循环以及函数、模块等对指令进行封装。作为一种新的编程方式，函数式编程的本质也在于封装。函数式编程以函数为中心进行代码封装。

函数式编程强调函数的纯粹性。一个纯函数是没有副作用的，即这个函数的运行不会影响其他函数。纯函数像一个沙盒，把函数带来的效果控制在内部，从而不影响程序的其他部分。如果在函数内部改变外部列表的元素，其他调用该列表的函数也会看到该函数的作用效果，这样就因为使用了可变更对象（如列表、字典）带来了副作用。因此，为了达到纯函数的标准，函数式编程要求其变量是不可变更的。

因为在Python中存在着可变更的对象（如变量、列表、字典等），所以Python并非完全的函数式编程语言。但在编程过程中，可以借鉴函数式编程，在编程中尽量避免副作用，就会有诸多好处：一方面由于纯函数相互独立，因此不用担心函数调用对其他函数的影响，使用起来更加简单；另一方面，纯函数方便并行计算。

在并行化编程时，我们经常担心不同进程之间相互干扰的问题。当多个进程同时修改同一个变量时，进程的先后顺序会影响最终结果。比如下面两个函数：

```
From thread import  thread
    X=5
Def double()
    Global  x
    x=x*2
Def plus_ten()
    Global  x
    x=x+10
Thread1=thread(target=double)
Thread2=thread(target= plus_ten)
Thread1.start()
Thread2.start()
Thread1.join()
Thread2.join()
Print(x)
```

上面两个函数中使用全局变量关键字global。函数对全局变量的修改能被其他函数看到，因此有副作用。

如果两个进程并行地执行两个函数，函数的执行顺序不确定，则结果可能是double()函数中的x=x*2先执行，最终结果为20；也有可能是plus_ten()函数中的x=x+10先执行，最终结果为30。这称为竞跑条件，是并行编程中需要极力避免的。

函数式编程消灭了副作用，即无形中消除了竞跑条件的可能。因此，函数式编程天生地适用于并行化运算。随着运算规模的扩大和大数据计算的需要，因电子元件尺寸已经趋于物理极限从而导致CPU的频率增长逐渐放缓，人们想到了把多台计算机连接并以并行化方式提高运算能力。但并行运算与单线程程序最大的区别在于，并行程序要处理竞跑条件等复杂问题。程序员们意外地发现函数式编程十分适合于编写并行程序。

Python并非一门函数式编程语言。在先期的Python中，并没有函数式编程的相关语法，后来加入lambda、map()、filter()、reduce()等高阶函数，从而可以进行函数式编程。Python提供的常用函数式编程函数如下：

（1）lambda函数：匿名函数。
（2）map(函数,可迭代式)：映射函数。
（3）filter(函数,可迭代式)：过滤函数。
（4）reduce(函数,可迭代式)：规约函数。

9.3.2 高阶函数

在函数式编程中，函数能像普通对象一样使用，因此函数可以像一个普通对象一样成为其他函数的参数。例如：

```
Def  add(x,y,f):
    return f(x)+f(y)
add(-1,1,abs)
```

输出：

```
2
```

上例中，x、y作为普通参数，函数f作为形参，而函数abs作为实参。高阶函数指的是可以将函数作为参数的函数。Python中提供的最常用的高阶函数有map()、reduce()、filter()。

1. map()函数

map()函数是Python内置的高阶函数，它接收一个函数f和一个list作为参数，并通过把函数f依次作用在list的每个元素上，得到一个新的list输出。

例如：

```
r = map(lambda x: x*x, [1, 2, 3, 4])
list(r)
```

输出：

```
[1, 4, 9, 16]
```

2. reduce()函数

函数格式为：

```
reduce(函数,迭代式)
```

对迭代式中的元素按函数依次计算后返回唯一结果。例如：

```
reduce((lambda x,y:x+y), [1,2,3,4])        # 等价于 1+2+3+4
reduce((lambda x,y:x/y), [1,2,3,4,5])      # 等价于 1/2/3/4/5=1/120
reduce((lambda x,y:x+y), [1,2,3,4], 90)    # 等价于 90+1+2+3+4
```

3. filter()函数

函数格式为：

```
filter(函数,iterable)
```

如果第一个参数是一个函数，那么将第二个可迭代数据中的每个元素作为函数的参数进行计算，把返回True的值筛选出来。

过滤器的作用是过滤掉不需要的数据，保留有用的数据。例如：

```
list(filter(lambda x:x%2, range(1,11)))    # 输出 [1, 3, 5, 7, 9]
```

9.4 生态式编程

生态式编程方法是一种将程序看作生态系统的编程方法，它通过分解一个复杂的问题为一系列相对独立的部分，让每个模块只负责与自己相邻的模块进行通信来解决问题。这种方法强调模块化、多样性和健壮性。

例如，如果要开发与区块链相关的程序。采用生态式编程如下进行：

① 在pypi.org中搜索blockchain。

② 在blockchain生态库中挑选适合开发目标的第三方库作为基础。

③ 阅读选择的库，并在库的基础上完成开发。

常用的Python库如下：

1. 从数据处理到人工智能

数据表示：采用合适方式用程序表达数据。

数据清理：数据归一化、数据转换、异常值处理。

数据统计：数据的概要理解，数量、分布、中位数等。

数据可视化：直观展示数据内涵的方式。

数据挖掘：从数据分析获得知识，产生数据外的价值。

2. 人工智能：数据、语言、图像、视觉等方面深度分析与决策数据分析

Numpy：表达N维数组的最基础库。

Pandas：Python数据分析高层次应用库。

SciPy：数学、科学和工程计算功能库。

3. 数据可视化

Matplotlib：高质量的二维数据可视化功能库。

Seaborn：统计类数据可视化功能库。

Mayavi：三维科学数据可视化功能库。

4. 文本处理

PyPDF2：用来处理pdf文件的工具集。

NLTK：自然语言文本处理第三方库。

Python-docx：创建或更新Microsoft Word文件的第三方库。

5. 机器学习

Scikit-learn：机器学习方法工具集。

MXNet：基于神经网络的深度学习计算框架。

TensorFlow：谷歌开发的机器学习计算框架。

6. 网络爬虫

Requests：最友好的网络爬虫功能库。

Scrapy：优秀的网络爬虫框架，Python数据分析高层次应用库。

pyspider：强大的Web页面爬取系统。

7. Web信息提取

Beautiful Soup：HTML和XML的解析库。

Re：正则表达式解析和处理功能库（无须安装）。

Python-Goose：提取文章类型Web页面的功能库。

8. Web网站开发

Django：最流行的Web应用框架。

Pyramid：规模适中的Web应用框架。

Flask：Web应用开发微框架。

9. 网络应用开发

WeRoBot：微信公众号开发框架。

aip：百度AI开放平台接口。

MyQR：二维码生成第三方库。

10. 从人机交互到艺术设计

PyQt5：Qt开发框架的Python接口。

wxPython：跨平台GUI开发框架。

PyGObject：使用GTK+开发GUI的功能库。

11. 游戏开发

PyGame：简单的游戏开发功能库。

Panda3D：开源、跨平台的3D渲染和游戏开发库。

12. 图形艺术

Quads：迭代的艺术。

ascii_art：ASCII艺术库。

turtle：海龟绘图体系。

小结

本章主要讲述了Python程序设计方法，体验了Python的面向过程编程、面向对象编程、函数式编程、生态式编程。

① 面向过程编程使用三种基本控制结构构造程序，是严格定义程序的流程。

② 面向对象编程强调代码复用。

③ 函数式编程以函数为中心进行代码封装，强调函数的纯粹性。

④ 生态式编程方法是一种将程序看作生态系统的编程方法，它通过分解一个复杂的问题为一系列相对独立的部分，让每个模块只负责与自己相邻的模块进行通信来解决问题。

习题

一、选择题

1. 以下代码的运行结果为（　　）。

```
counter = 1
def doLotsOfStuff():
    global counter
    for i in (1, 2, 3):
        counter += 1
doLotsOfStuff()
print(counter)
```

　　A. 4　　　　　　　　B. 5　　　　　　　　C. 1　　　　　　　　D. 代码错误

2. 下面导入标准库对象的语句，正确的是（　　）。

　　A. import math *　　　　　　　　　　　B. import random as ra

　　C. from math import #　　　　　　　　D. import #

3. 以下选项中分别表示程序设计和执行方式的是（　　）。

　　A. 通过总结与归纳，推测事件的发展走向

　　B. 通过分析与推理，找到语言逻辑中的漏洞

　　C. 通过程序解决一个计算复杂的问题

　　D. 通过逻辑推理，分析悬疑小说中的谜底

4. 以下选项中分别表示程序设计和执行方式的是（　　）。

　　A. 自顶向下；自底向上　　　　　　　　B. 自底向上；自顶向下

C. 自顶向下；自顶向下   D. 自底向上；自底向上

5. 以下不是自顶向下设计方式步骤的是（   ）。
   A. 将算法表达为一系列小问题
   B. 通过单元测试方法分解问题来运行和调试程序
   C. 通过将算法表达为接口及关联的多个小问题细化算法
   D. 为每个小问题设计程序接口

6. 以下关于测试一个中等规模程序的说法错误的是（   ）。
   A. 从结构图底层开始，逐步上升
   B. 先运行和测试每个基础函数，再测试由基础函数组成的整体函数
   C. 直接运行程序
   D. 采用自底向上的执行方式

7. 以下选项中最能体现计算机中算法含义的是（   ）。
   A. 数学的计算公式   B. 程序设计语言的语句序列
   C. 对问题的精确描述   D. 解决问题的精确步骤

8. 以下不属于 Python 标准库的是（   ）。
   A. time   B. random   C. networkx   D. optparse

9. 以下属于 Python 第三方库的是（   ）。
   A. turtle   B. Pyinstaller   C. random   D. math

10. 以下不是 Python 内置函数的是（   ）。
    A. hex()   B. all()   C. char()   D. sorted()

二、编程题

1. 利用 map() 函数，把用户输入的不规范英文名字，变为首字母大写，其他小写的规范名字。

输入：

['adam', 'LISA', 'barT']

输出：

['Adam', 'Lisa', 'Bart']

2. Python 提供的 sum() 函数可以接收一个 list 并求和，请编写一个 prod() 函数，可以接收一个 list 并利用 reduce() 函数求积。

第 10 章
Python 计算生态

近 20 年的开源运动产生了深植于各信息技术领域的大量可重用资源，直接有力地支撑了信息技术超越其他技术领域的发展速度，形成了"计算生态"。Python 作为一门开源语言，其诞生之初就致力于开源开放，而且由于 Python 有非常简单灵活的编程方式，很多采用 C、C++ 等语言编写的专业库经过简单的接口封装亦可以供 Python 使用。正是因为其胶水特性，Python 迅速建立了全球最大的编程语言开放社区，建立了十几万个第三方库的庞大规模，构建了强大的计算生态。

本章知识导图

- Python 计算生态
  - 计算思维
  - 程序设计方法论
    - 自顶向下
    - 向底向上
  - Python 标准库
    - time 库
    - math 库
  - Python 常见内置函数
    - 数学相关函数
    - 功能相关函数
    - 类型转换函数
    - 字符串处理函数
    - 序列处理函数
  - 常用 Python 第三方库
    - jieba 库
    - pyinstaller 库
  - Python 数据分析
    - NumPy 数据操作
    - 多维处理
    - 公式计算
    - NumPy 数据分析应用举例

学习目标

➢ 熟悉计算思维的本质及特征、常见的 Python 库，如时间库、数据分析库等
➢ 熟悉计算思维抽象的过程，程序设计的两种方法，各种第三方库的方法和特点
➢ 掌握本章所介绍的几种常见的 Python 库应用于实际的编程过程中，并能够在实践中灵活运用

10.1 计算思维

2006年3月，美国卡内基·梅隆大学计算机科学系主任周以真（Jeannette M. Wing）教授在美国计算机权威期刊 *Communications of the ACM* 上给出，并定义了计算思维（computational thinking）。周教授认为：计算思维是运用计算机科学的基础概念进行问题求解、系统设计以及人类行为理解等涵盖计算机科学之广度的一系列思维活动。

以上是关于计算思维的一个总定义，周教授为了让人们更易于理解，又将它更进一步地定义为：通过约简、嵌入、转化和仿真等方法，把一个看起来困难的问题重新阐释成一个我们知道问题怎样解决的方法；是一种递归思维，是一种并行处理，是一种把代码译成数据又能把数据译成代码的方法，是一种多维分析推广的类型检查方法；是一种采用抽象和分解来控制庞杂的任务或进行巨大复杂系统设计的方法，是基于关注分离的方法（SoC方法）；是一种选择合适的方式去陈述一个问题，或对一个问题的相关方面建模使其易于处理的思维方法；是按照预防、保护及通过冗余、容错、纠错的方式，并从最坏情况进行系统恢复的一种思维方法；是利用启发式推理寻求解答，也即在不确定情况下的规划、学习和调度的思维方法；是利用海量数据来加快计算，在时间和空间之间，在处理能力和存储容量之间进行折中的思维方法。

计算思维是人类科学思维活动的重要组成部分。人类在认识世界、改造世界的过程中表现出三种基本的思维特征：以实验和验证为特征的实证思维，以物理学科为代表；以推理和演绎为特征的逻辑思维，以数学学科为代表；以设计和构造为特征的计算思维，以计算机学科为代表。

计算思维是运用计算机科学的基础概念去求解问题、设计系统和理解人类的行为。它包括了涵盖计算机科学之广度的一系列思维活动。当我们必须求解一个特定的问题时，首先会问：解决这个问题有多困难？怎样才是最佳的解决方法？计算机科学根据坚实的理论基础来准确地回答这些问题。表述问题的难度就是工具的基本能力，必须考虑的因素包括机器的指令系统、资源约束和操作环境。

为了有效地求解一个问题，可能要进一步问：一个近似解是否就够了，是否可以利用一下随机化，以及是否允许误报（false positive）和漏报（false negative）。

计算思维是一种递归思维，它是并行处理的，它是把代码译成数据又把数据译成代码。它是由广义量纲分析进行的类型检查。对于别名或赋予人与物多个名字的做法，它既知道其益处又了解其害处。对于间接寻址和程序调用的方法，它既知道其威力又了解其代价。它评价一个程序时，不仅仅根据其准确性和效率，还有美学的考量，而对于系统的设计，还考虑简洁和优雅。

计算思维是选择合适的方式去陈述一个问题，或者是选择合适的方式对一个问题的相关方面建模使

其易于处理。它是利用不变量简明扼要且表述性地刻画系统的行为。它使用户在不必理解每一个细节的情况下就能够安全地使用、调整和影响一个大型复杂系统的信息。它就是为预期的未来应用而进行的预取和缓存。计算思维是按照预防、保护及通过冗余、容错、纠错的方式从最坏情形恢复的一种思维。它称堵塞为"死锁",称约定为"界面"。计算思维就是学习在同步相互会合时如何避免"竞争条件"(亦称"竞态条件")的情形。

计算思维利用启发式推理来寻求解答,就是在不确定情况下的规划、学习和调度。它就是搜索、搜索、再搜索,结果是一系列的网页,一个赢得游戏的策略,或者一个反例。计算思维利用海量数据来加快计算,在时间和空间之间,在处理能力和存储容量之间进行权衡。

考虑下面日常生活中的事例:当你的小侄女早晨去学校时,她把当天需要的东西放进背包,这就是预置和缓存;当你的小侄子弄丢他的手套时,你建议他沿走过的路寻找,这就是回推;在什么时候停止租用滑雪板而为自己买一付呢?这就是在线算法;在超市付账时,你应当去排哪个队呢?这就是多服务器系统的性能模型;为什么停电时你的电话仍然可用?这就是失败的无关性和设计的冗余性,等等。

计算思维的本质是抽象和自动化。

10.2 程序设计方法论

任何程序设计都包含IPO,它们分别代表如下:

I:Input 输入,程序的输入。
P:Process 处理,程序的主要逻辑过程。
O:Output 输出,程序的输出。

因此,如果想要通过计算机实现某个功能,那么基本的程序设计模式包含三个部分:

(1)确定IPO:明确需要实现功能的输入和输出,以及主要的实现逻辑过程。
(2)编写程序:将计算求解的逻辑过程通过编程语言进行设计展示。
(3)调试程序:对编写的程序按照逻辑过程进行调试,确保程序按照正确逻辑正确运行。

10.2.1 自顶向下

对于简单问题使用IPO方式解决即可,如果要实现功能的逻辑比较复杂时,就需要对其进行模块化设计,将复杂问题,转化为多个简单问题,其中简单问题又可以继续分解为更加简单的问题,直到功能逻辑可以通过模块程序设计实现,这也是程序设计的自顶向下特点。总结如下:

(1)将一个总问题表达为若干个小问题组成的形式。
(2)使用同样方法进一步分解小问题,直至,小问题可以使用计算机简单明了地解决。

下面举一个实例:玩家A和玩家B在擂台上进行1V1的比赛,比赛开始时,其中一个玩家的精灵先出招,接下来交替出招,直到可以判定输赢为止,这个过程称为回合。当一名玩家的招数没有命中时,回合结束。技能没有命中的玩家输掉这个回合。每回合赢的玩家先手,只有在自己先手时才能得分。率先达到10分的选手获胜。编写程序模拟该过程。

该实例的本质是体育竞技积分规则。如果要模拟该过程的话,必须知道两名玩家的胜率,即他们相对的能力值是多少，还要知道我们进行模拟的场次。进行概率分析时，分析的场次越多结果就越向真实值靠拢，所以场次不一样得到的结果也不一样，因此需要给出模拟的场次。

该问题的IPO如下：

输入：两名玩家的能力数值、模拟比赛的场次。

处理：模拟比赛过程。

输出：两名玩家分别获胜的概率。

采用自顶向下的设计方法设计该程序的步骤如下：

步骤1：打印使用程序的介绍性信息。

步骤2：获取必要的参数。

步骤3：设计算法，利用给出的参数进行计算。

步骤4：输出结果。

步骤1输出一些介绍信息可以给使用程序的人带来非常好的体验（为了提高用户体验，必要的解析是要有的，想象一下第一次使用自动售货机，机柜上没有贴使用方法与任何提示性信息的场景。）顶层设计不需要给出具体的函数代码，只需给出函数定义即可。

10.2.2 自底向上

自底向上（执行）就是一种逐步组建复杂系统的有效测试方法。首先将需要解决的问题分为各个单元进行测试，接着按照自顶向下相反的路径进行操作，然后对各个单元进行逐步组装，直至系统各部分以组装的思路都经过测试和验证。

假如你现在想买一大堆算法书，有一个容量为V的背包，这个商店一共有n个商品。问题在于，你最多只能拿W kg的东西，其中wi和vi分别表示第i个商品的质量和价值。最终目标是在能拿得下的情况下，获得最大价值，求解哪些物品可以放进背包。

对于每一个商品你有两个选择：拿或者不拿。

对问题进行自底向上分析：

首先找到"子问题"是什么。通过分析发现：每次背包新装进一个物品就可以把剩余的承重能力作为一个新的背包来求解，一直递推到承重为0的背包问题。

用m[i,w]表示商品的总价值，其中i表示一共多少个商品，w表示总质量，所以求解 m[i,w]就是子问题，那么看到某个商品i时，如何决定是不是要装进背包？需要考虑：该物品的质量大于背包能承载的总质量，不考虑，换下一个商品；该商品的质量小于背包能承载的总质量，那么尝试把它装进去，如果装不下就把其他东西换出来，看看装进去后的总价值是不是更高了，否则还是按照之前的装法。

极端情况，所有物品都装不下或背包的承重能力为0，那么总价值都是0；

由以上分析可以得出m[i,w]的状态转移方程为：

```
m[i,w] = max{m[i-1,w], m[i-1,w-wi]+vi}
```

程序代码实现如下：

```
cache = {}
items = range(1,9)
```

```
weights = [10,1,5,9,10,7,3,12,5]   values = [10,20,30,15,40,6,9,12,18]
W = 4   def knapsack():
    for w in range(W+1):
        cache[get_key(0,w)] = 0
    for i in items:
        cache[get_key(i,0)] = 0
        for w in range(W+1):
            if w >= weights[i]:
                if cache[get_key(i-1,w-weights[i])]+values[] > cache[get_key(i-1,w)]:
                    cache[get_key(i,w)] = values[i] + cache[get_key(i-1,w-weights[i])]
                else:
                    cache[get_key(i,w)] = cache[get_key(i-1,w)]
            else:
                cache[get_key(i,w)] = cache[get_key(i-1,w)]
    return cache[get_key(8,W)]   def get_key(i,w):
    Return str(i)+','+str(w)   if __name__ == '__main__':
#背包把所有东西都能装进去做假设开始
print(knapsack())
```

运行结果：

```
29
```

10.3 Python 标准库

Python是一种非常流行的编程语言，它在许多领域都得到了广泛应用。Python之所以如此受欢迎，很大程度上是因为它拥有丰富的标准库。这些标准库提供了许多强大的功能，可以帮助用户快速完成各种任务。

10.3.1 time 库

Python中内置了一些与时间处理相关的库，如time、datetime和calendar库。其中time库是Python中处理时间的标准库，是最基础的时间处理库。time库的功能如下：

（1）计算机时间的表达。
（2）提供获取系统时间并格式化输出功能。
（3）提供系统级精确计时功能，用于程序性能分析。

格式如下：

```
import time
time.<b>()
```

time库

time库包括三类函数：

（1）时间获取：time()、ctime()、gmtime()、localtime()。

（2）时间格式化：strftime()、strptime()、asctime()。

（3）程序计时：sleep()、perf_counter()。

1. 时间获取

1）time()函数

获取当前时间戳（从世界标准时间的1970年1月1日00:00:00开始到当前这一时刻为止的总秒数），即计算机内部时间值，浮点数。

示例代码如下：

```
import time
print(time.time())
```

运行结果：

```
1702126521.956369
```

2）localtime()函数和gmtime()函数

Python提供了可以获取结构化时间的localtime()函数和gmtime()函数获取当前时间，表示为计算机可处理的时间格式（struct_time格式）

localtime()函数和gmtime()函数都可将时间戳转换为以元组表示的时间对象（struct_time格式），但是localtime()函数得到的是当地时间，gmtime()函数得到的是世界统一时间。

格式如下所示：

```
localtime([secs])
gmtime([secs])
```

其中，secs是一个表示时间戳的浮点数，若不提供该参数，默认以time()函数获取的时间戳作为参数。

localtime()函数示例代码如下：

```
import time
print(time.localtime())
time.struct_time(tm_year=2023, tm_mon=12, tm_mday=9, tm_hour=20, tm_min=56, tm_sec=48, tm_wday=5, tm_yday=343, tm_isdst=0)
print(time.localtime(34.54))            # 参数为浮点数
time.struct_time(tm_year=1970, tm_mon=1, tm_mday=1, tm_hour=8, tm_min=0, tm_sec=34, tm_wday=3, tm_yday=1, tm_isdst=0)
```

3）ctime()函数（与asctime()函数为一对互补函数）

读取当前时间并以易读方式表示，返回字符串。

ctime()函数用于将一个时间戳（以s为单位的浮点数）转换为"Sat Jan 13 21:56:34 2018"这种形式（若该函数未收到参数，则默认以time.time()作为参数），转换成的形式为"星期 月份 当月号 时分秒 年份"。

示例代码如下：

```
import time
print(time.ctime())
Sat Dec  9 20:58:32 2023
print(time.ctime(34.56))
Thu Jan  1 08:00:34 1970
```

2. 时间格式化

将时间以合理的方式展示出来。

格式化：类似字符串格式化，需要有展示模板。

展示模板由特定的格式化控制符组成。

strftime()函数（将时间格式输出为字符串，与strptime()函数互补）

strftime(格式，时间)主要决定时间的输出格式。

（1）strftime()函数借助时间格式控制符来输出格式化的时间字符串，其中%a、%d、%b等是time库预定义的用于控制不同时间或时间成分的格式控制符。

time库中常用的时间格式控制符及其说明见表9.1。

表 9.1 time 库中常用的时间格式控制符及说明

时间格式控制符	说 明
%Y	四位数的年份，取值范围为0001～9999，如 1900
%m	月份（01～12），如 10
%d	月中的一天（01～31）如 25
%B	本地完整的月份名称，如 January
%b	本地简化的月份名称，如 Jan
%a	本地简化的周日期，Mon～Sun，如 Wed
%A	本地完整周日期，Monday～Sunday，如 Wednesday
%H	24 小时制小时数（00～23），如 12
%I	12 小时制小时数（01～12），如 7
%p	上下午，取值为 AM 或 PM
%M	分钟数（00～59），如 26
%S	秒（00～59），如 26

trftime()函数有两个参数，其中一个为tpl（格式化的模板字符串参数，用来定义输出效果），另一个为ts（是计算机内部时间类型变量）

格式如下：

strftime(tpl,ts)

示例代码如下：

```
import time
t=time.gmtime()
print(time.strftime("%Y-%m-%d %H:%M:%S",t))
```

```
2023-12-09 13:00:02
```

（2）strptime(字符串,格式)，主要将该格式的字符串输出为struct_time。格式如下：

```
strptime(str,tpl)
```

其中，tpl是格式化模板字符串，用来定义输入效果。

str是字符串形式的时间值，所以其格式前面为字符串，后面为字符串的格式。输出格式为struct_time。

示例代码如下：

```
import time
print(time.strptime("2023-1-26 12:55:20",'%Y-%m-%d %H:%M:%S'))
time.struct_time(tm_year=2023, tm_mon=1, tm_mday=26, tm_hour=12, tm_min=55, tm_sec=20, tm_wday=3, tm_yday=26, tm_isdst=-1)
```

3. 程序计时

程序计时应用广泛，程序计时指测量起止动作所经历时间的过程。

测量时间指的是能够记录时间的流逝：perf_counter()获取计算机中CPU以其频率运行的时钟纳秒计算，非常精确。

产生时间函数：

sleep()让程序休眠或者产生一定的时间。

perf_counter()返回一个CPU级别的精确时间计数值，单位为秒，由于这个计数值起点不确定，连续调用差值才有意义。

示例代码如下：

```
import time
start=time.perf_counter()
end=time.perf_counter()
print(start)
1.5550730682182563e-06
print(end)
15.087864738500468
print(end-start)
15.0878631834274
```

10.3.2　math 库

math库是Python提供的内置数学类函数库，因为复数类型常用于科学计算，一般计算并不常用，因此math库不支持复数类型，仅支持整数和浮点数运算。

math库一共提供了4个数学常数和44个函数。44个函数分为4类，包括16个数值表示函数、8个幂对数函数、16个三角对数函数和4个高等特殊函数。

math库中函数的数量较多，在学习过程中只需要逐个理解函数的功能，记住个别常用函数即可。实际编程中，如果需要采用math库，可以随时查看math库快速参考。

math库中的函数不能直接使用，需要首先使用保留字import导入该库，引用方式如下。

1. 数学常数

math模块包含了许多常用的数学常数，如π（pi）、e等。这些常数可以在数学计算中提供准确的数值。示例如下：

```
import math
print("π 的值:", math.pi)
print("自然常数e的值:", math.e)
```

2. 常用数学函数

math模块提供了多种数学函数，包括三角函数、指数函数、对数函数等。示例如下：

```
import math
# 三角函数
angle = math.radians(30)
print("sin(30°) =", math.sin(angle))
print("cos(30°) =", math.cos(angle))
print("tan(30°) =", math.tan(angle))
# 指数与对数函数
print("e 的 3 次方:", math.exp(3))
print("2 的平方根:", math.sqrt(2))
print("以 10 为底 100 的对数:", math.log(100, 10))
```

3. 数值操作

math模块还提供了一些实用的数值操作函数，如取绝对值、向上取整、向下取整等。示例如下：

```
import math
print("绝对值:", math.fabs(-5))
print("向上取整:", math.ceil(3.8))
print("向下取整:", math.floor(3.8))
```

4. 数值比较

math模块还提供了一些用于数值比较的函数，可以用于判断两个数是否近似相等。示例如下：

```
import math
a = 0.1 + 0.2
b = 0.3
# 使用 math.isclose() 函数进行浮点数比较
print("a 和 b 是否近似相等:", math.isclose(a, b))
```

5. 随机数生成

除了常见的数学函数，math模块还提供了随机数生成的函数（在前面章节中已经详细讲解过），用于模拟随机事件。示例如下：

```
import math
```

```python
import random
# 生成 0 ~ 1 之间的随机浮点数
random_float = random.random()
print("随机浮点数:", random_float)
# 生成指定范围的随机整数
random_int = random.randint(1, 10)
print("随机整数:", random_int)
```

6. 角度与弧度的转换

math模块还提供了角度与弧度之间的转换函数，方便在不同单位之间进行转换。示例如下：

```python
import math
# 角度转弧度
angle_degrees = 45
angle_radians = math.radians(angle_degrees)
print(f"{angle_degrees}°对应的弧度为：{angle_radians}")
# 弧度转角度
angle_radians = math.pi/4
angle_degrees = math.degrees(angle_radians)
print(f"{angle_radians} 弧度 对应的角度为：{angle_degrees}°")
```

math模块是Python标准库中非常有用的一个模块，它提供了丰富的数学函数和常数，方便用户进行各种数学计算。无论是进行简单的数值操作，还是复杂的数学运算，math模块都能为用户提供强大的支持。在日常的数据处理、科学计算和工程应用中，合理运用math模块能够让用户的代码更加高效、精确。

10.4 Python 常见内置函数

所谓内置函数，就是在Python中被自动加载的函数，任何时候都可以用。使用内置函数时不必导入任何模块。不必做任何操作，Python即可识别。主要有如下几类内置函数：

（1）数学相关函数。
（2）功能相关函数。
（3）类型转换函数。
（4）字符串处理函数。
（5）序列处理函数。

10.4.1 数学相关函数

常用数学相关函数如下：

（1）绝对值：abs(-1)。
（2）最大最小值：max([1,2,3])、min([1,2,3])。
（3）序列长度：len('abc')、len([1,2,3])、len((1,2,3))。

（4）取模：divmod(5,2)。
（5）乘方：pow(2,3,4)。
（6）浮点数：round(1)。

10.4.2 功能相关函数

常用功能相关函数如下：
（1）函数是否可调用：callable(funcname)，注意funcname变量要定义过。
（2）类型判断：isinstance(x,list/int)。
（3）比较：cmp('hello','hello')。
（4）快速生成序列：(x)range([start,] stop[, step])。

10.4.3 类型转换函数

常用类型转换函数如下：
（1）int(x)。
（2）long(x)。
（3）float(x)。
（4）complex(x)，复数。
（5）str(x)。
（6）list(x)。
（7）tuple(x)，元组。
（8）hex(x)。
（9）oct(x)。
（10）chr(x)，返回x对应的字符，如chr(65)返回'A'。
（11）ord(x)，返回字符对应的ASCII码数字编号，如ord('A')返回65。

10.4.4 字符串处理函数

常用字符串函数如下：
（1）首字母大写：str.capitalize。

```
>>> 'hello'.capitalize()
```

（2）字符串替换：str.replace。

```
>>> 'hello'.replace('l','2')
'he22o'
```

（3）字符串切割：str.split。

```
>>> 'hello'.split('l')
['he', '', 'o']
```

以上三个函数都可以引入string模块，然后用string.xxx的方式进行调用。

10.4.5 序列处理函数

常用序列处理函数如下：

（1）len：序列长度。

（2）max：序列中最大值。

（3）min：最小值。

（4）filter：过滤序列。示例代码如下：

```
>>> filter(lambda x:x%2==0, [1,2,3,4,5,6])
[2, 4, 6]
```

（5）zip：并行遍历。示例代码如下：

```
>>> name=['jim','tom','lili']
>>> age=[20,30,40]
>>> tel=['133','156','189']
>>> zip(name,age,tel)
[('jim', 20, '133'), ('tom', 30, '156'), ('lili', 40, '189')]
```

（6）map：并行遍历，可接受一个function类型的参数。示例代码如下：

```
>>> a=[1,3,5]
>>> b=[2,4,6]
>>> map(None,a,b)
[(1, 2), (3, 4), (5, 6)]
>>> map(lambda x,y:x*y,a,b)
[2, 12, 30]
```

（7）reduce：归并。示例代码如下：

```
>>> l=range(1,101)
>>> l
[1,2,3,4,5,6,7,8,9,10,11,12,13,14,15,16,17,18,19,20,21,22,23,24,25,26,27,28,29,30,31,32,33,34,35,36,37,38,39,40,41,42,43,44,45,46,47,48,49,50,51,52,53,54,55,56,57,58,59,60,61,62,63,64,65,66,67,68,69,70,71,72,73,74,75,76,77,78,79,80,81,82,83,84,85,86,87,88,89,90,91,92,93,94,95,96,97,98,99,100]
>>> reduce(lambda x,y:x+y,l)
5050
```

10.5 常用 Python 第三方库

1989年，GNU通用许可协议诞生，自由软件（软件产品不再像工业产品一样，通过商业来分发和销售，而是通过互联网，通过免费的复制和使用进行分发，让更多的人能用得起或能用得上软件）时代到来。

1991年，Linus Torvalds发布了Linux内核（集市模式）。

1998年，网景浏览器开源产生了Mozilla。标志着开源生态逐步建立，开源思想深入演化和发展，形成了计算生态。

计算生态以开源项目为组织形式，充分利用"共识原则"和"社会利他"组织人员，在竞争发展、相互依存和迅速更迭中完成信息技术的更新换代，形成了技术的自我演化路径。

计算生态没有顶层设计，以功能为单位，具备三个特点：竞争发展、相互依存和迅速更迭。

Python语言最大的优势就是黏附性好，又称胶水语言，各个语言都可以使用Python；其次，Python的第三方库十分丰富。

后续主要以jieba库和pyinstaller库为实例进行介绍。

10.5.1　jieba 库

jieba是优秀的中文分词第三方库，由于中文文本之间每个汉字都是连续书写的，需要通过特定的手段获得其中的每个词组，这种手段称为分词，可以通过jieba库完成该过程。

jieba库用于将文本分割为单个词语，文本需要通过分词获得单个词语。jieba库是优秀的中文分词第三方库，需要额外安装，在Windows的cmd命令中需执行：pip install jieba，随后下载安装jieba库。

jieba是中文分词库，库中包含一个中文词典，根据这个词典，它可以找到句子中所有可能的词语组合，并分析出一个可能性最大的拆分结果。jieba分词的原理如下：①分词依靠中文词库；②利用一个中文词库确定汉字之间的关联概率；③汉字间概率大的组成词组，形成分词结果；④除了分词，用户还可以添加自定义的词组。

jieba库支持三种分词模式：精确模式、全模式、搜索引擎模式。

（1）精确模式lcut(str)：把文本精确地切分开，不存在冗余单词。适用于文本分析。下面以"一切戛然而止"为例进行举例。

```
['一切','戛然而止']
```

（2）全模式（lcut(str，cut_all=True)）：把文本中所有可能的词语都扫描出来。虽然速度快，但存在歧义和冗余。

```
['一切','戛然','戛然而止','然而','止']
```

（3）搜索引擎模式（lcut_for_search(str)）：在精确模式的基础上，对长词再次进行切分。适用于搜索引擎分词。

```
['一切','戛然','然而','戛然而止']
```

jieba库最强大的功能之一就是对文章出现的词汇进行计数统计，即计算词频，对于一篇文章或者一部著作，可以通过图10.1所示步骤流程对出现的单词进行统计。

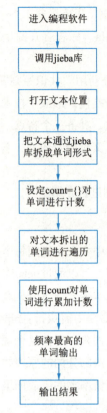

图 10.1　jieba 库单词统计流程图

实现程序如下：

```
import jieba
txt = open("水浒传.txt", "r", encoding='ANSI').read()
words = jieba.lcut(txt)
counts = {}
for word in words:
    if len(word) == 1:
        continue
    else:
        counts[word] = counts.get(word,0) + 1
items = list(counts.items())
items.sort(key=lambda x:x[1], reverse=True)for i in range(15):
word,count = items[i]
print ("{0:<10}{1:>5}".format(word, count))
```

运行主要结果如下所示：

林冲	403	宋江	399	武松	332	智深	215
吴用	181	晁盖	134	史进	128	杨志	121

10.5.2　pyinstaller 库

pyinstaller是一个第三方库，它能够在Windows、Linux、mac OS X 等操作系统下将Python源文件打包，通过对源文件打包，Python程序可以在没有安装Python的环境中运行，也可以作为一个独立文件方便传递和管理。

pyinstaller支持Python 2.7和Python 3.3+。可以在Windows、mac OS X和Linux上使用，但是并不是跨平台的，而是说你要是希望打包成.exe文件，需要在Windows系统上运行pyinstaller进行打包工作；打包成mac app，需要在mac OSX上使用。pyinstaller是一个第三方库，所以使用之前必须进行安装。安装命令如下：

```
pip install pyinstaller
```

需要注意的是：

（1）pyinstaller 库会自动将pyinstaller 命令安装到 Python 解释器目录中，与 pip 或 pip3 命令路径相同，因此可以直接使用。

（2）Windows上运行pyinstaller还需要PyWin32或者pypiwin32，其中pypiwin32在用户安装pyinstaller时会自动安装。

1. pyinstaller的库函数

pyinstaller.spec：用于创建可执行文件的spec文件。

pyinstaller.generates：用于列出可用的生成器模块。

pyinstaller.clean：用于清除无用的文件和文件夹。

pyinstaller.filter：用于过滤指定的文件或文件夹。

pyinstaller.depends：用于列出要链接的第三方模块。

pyinstaller.usr：用于构造Windows下的.bat和.bat批处理文件。

pyinstaller.winreg：用于访问Windows注册表。

pyinstaller.comtypes：用于访问COM类型库。

pyinstaller.add_data：用于向dist文件夹中添加数据文件。

pyinstaller.one_file：用于在dist文件夹中只生成一个独立的可执行文件。

pyinstaller.dist_dir：用于指定dist文件夹的位置。

pyinstaller.multi_app：用于同时生成多个独立的可执行文件。

pyinstaller.is_module：用于检查文件是否为模块。

pyinstaller.get_icon：用于获取可执行文件的图标文件。

pyinstaller.target_name：用于指定可执行文件的名称。

pyinstaller.hide_importlib：用于隐藏importlib模块的导入。

pyinstaller.2to3：用于将2to3转换器重写为pyinstaller可用的格式。

pyinstaller.executable：用于指定生成的可执行文件的名称和路径。

pyinstaller.undefined：用于标记模块或函数为未定义。

pyinstaller.is_script_file：用于检查文件是否为Python脚本文件。

pyinstaller.add_console_script：用于向dist文件夹中添加控制台脚本。

pyinstaller.is_isolated：用于检查dist文件夹中的文件和文件夹是否独立。

pyinstaller.name_filter：用于过滤指定的文件或文件夹的名称。

pyinstaller.path_hooks：用于自定义path_hooks以支持特定的文件路径。

pyinstaller.warn_about_path：用于警告用户指定的路径可能不存在或无法访问。

pyinstaller.2to3_future：用于将2to3转换器重写为pyinstaller可用的格式，并解决一些未来可能出现的问题。

2. pyinstaller的库基本打包使用方法

pyinstaller是一个用于将Python脚本打包成可执行文件的工具。使用pyinstaller的基本步骤如下：

（1）确保已安装pyinstaller包。可通过以下命令在控制台中检查是否已经安装：

```
pyinstaller --version
```

（2）在终端中，进入要打包的Python脚本所在的目录：

```
cd /path/to/your/python/script/folder
```

（3）将pyinstaller应用于需要打包的Python脚本：

```
pyinstaller yourscript.py
```

或者，如果想要自定义生成的可执行文件的一些设置：

```
pyinstaller --onefile --name=myapp yourscript.py
```

（4）pyinstaller默认会在当前目录下生成一个dist/目录，并在该目录下生成一个与Python脚本同名的文件夹（如yourscript/），其中存储着生成的可执行文件以及相关资源。

（5）可以直接运行生成的可执行文件，或者将其复制到其他计算机上运行。

3. pyinstaller的库打包成第三方库的使用方法

pyinstaller是一个将Python代码打包成可执行文件或模块的第三方库。使用pyinstaller的一些基本方法如下：

（1）安装pyinstaller。首先需要在自己的计算机上安装pyinstaller。用户可以运行以下命令安装pyinstaller：

```
pip install pyinstaller
```

（2）打包单个文件。要打包单个文件，可以使用以下命令将在dist文件夹中生成一个单独的可执行文件。

```
pyinstaller --onefile your_script.py
```

（3）打包多个文件。要打包多个文件，可以使用以下命令将生成两个独立的可执行文件，以及一个控制台脚本。

```
pyinstaller --onefile --noconsole your_script.py,your_other_script.py
```

（4）打包应用程序。要打包一个应用程序，需要创建一个spec文件，该文件描述了应用程序的需求和依赖关系。然后使用以下命令：

```
pyinstaller your_script.py
```

这将在dist文件夹中生成一个应用程序的可执行文件。

（5）打包命令行工具。如果需要打包一个命令行工具，可以使用以下命令：

```
pyinstaller --onefile --noconsole your_script.py
```

这将在dist文件夹中生成一个命令行工具的可执行文件。

（6）打包库。如果需要打包一个库，可以使用以下命令：

```
pyinstaller --onefile --noconsole --hidden-import=\
```

10.6 Python 数据分析

随着大数据和人工智能时代的到来，网络和信息技术开始渗透人们日常生活的方方面面，产生的数据量也呈现指数级增长态势，同时现有数据的量级已经远远超过了目前人力所能处理的范畴。在此背景下，数据分析成为数据科学领域中一个全新的研究课题。在数据分析的程序语言选择上，由于Python语言在数据分析和处理方面的优势，大量的数据科学领域的从业者使用Python进行数据科学相关的研究工作。

常见的数据分析库有NumPy和Pandas，本文主要以NumPy为例。

NumPy包是Python生态系统中数据分析、机器学习和科学计算的主力。它极大地简化了向量和矩阵的操作。Python的一些主要软件包依赖于NumPy作为其基础架构的基础部分（如scikit-learn、SciPy、Pandas和TensorFlow）。下面介绍一些使用NumPy的主要方法。

NumPy包主要包括数组操作、数组运算、数组索引、矩阵的常见操作。NumPy的核心数据结构是ndarray，这是一个N维数组，与原生Python数组相比，它具有如下特点：

（1）固定大小：NumPy数组在创建时具有固定的大小，如果需要更改数组的大小，将会创建一个新数组，原数组将被销毁。

（2）数据类型一致：NumPy数组要求所有元素具有相同的数据类型，这保证了数组中的元素在内存中占用相同大小的空间。然而，可以在NumPy数组中包含Python对象，此时允许不同大小的元素。

（3）高效性能：NumPy数组允许进行高效的数学和数据操作，通常比使用原生Python数组的代码更快。这是因为NumPy中的许多操作是经过本地编译的，充分利用了底层硬件的优化。

10.6.1 NumPy 数组操作

1. 创建数组

通过将Python列表传递给NumPy对象，使用np.array()创建一个NumPy数组（即ndarray）。示例代码如下：

```
>>> import numpy as np
>>> a=np.array([1,2,3])
```

```
>>> print(a)
```

运行结果为:

```
[1 2 3]
```

一般情况下,用户希望直接使用NumPy作为初始化的数组数据。NumPy为这些情况提供了诸如ones()、zeros()和random.random()等方法。用户只需要向这些方法传递要生成的元素数量的参数。示例代码如下:

```
>>> import numpy as np
>>> print(np.ones(3))
```

程序运行结果为:

```
[1. 1. 1.]
>>> print(np.zeros(3))
[0. 0. 0.]
```

2. 数组算术

创建数组后,可以让数组进行算术运算。示例代码如下:

```
>>> import numpy as np
>>> a=np.array([1,2,3])
>>> b=np.ones(3)
>>> print(a-b)
```

运行结果为:

```
[0.1.2.]
```

同时数组可以进行其他算术运算。

3. 索引数组

NumPy可以索引、切片相应数组。示例代码如下:

```
>>> import numpy as np
>>> a=np.array([1,2,3])
 >>> print(a[0])
1
>>> print(a[1:2])
[2]
```

注意: 数组的下标从0开始,数组print(a[m:n])输出数组a的下标从m开始到n(但不包括n)为止的数组元素。

4. 数组聚合

NumPy可以提供非常好用的聚合功能:最小值、最大值、总和、平均值、所有元素相乘的结果、标准差等。具体示例代码如下:

```
>>> import numpy as np
```

```
>>> a=np.array([1,2,3])
>>> print(a.sum())
6
>>> print(a.max())
3
```

10.6.2 多维处理

1. 创建矩阵

NumPy不仅处理一维向量厉害之处是能够将人们目前所看到的所有内容应用到任意维度上。可以传递一个Python列表，让NumPy创建一个矩阵，具体示例代码如下：

```
>>> import numpy as np
>>> a=np.array([[1,2],[3,4]])
>>> print(a)
   [[1 2]
    [3 4]]
```

也可以使用上面提到的相同方法（如ones()、zeros()和random.random()等），要给它们一个元组来描述用户正在创建矩阵的维度，示例代码如下：

```
>>> b=np.ones((3,2))
>>> print(b)
[[1. 1.]
 [1. 1.]
 [1. 1.]]
>>> c=np.random.random((3,2))
>>> print(c)
[[0.55037194 0.78815716]
 [0.14735648 0.50556278]
 [0.75462257 0.50400296]]
```

2. 矩阵算术运算

如果两个矩阵的大小相同，可以使用算术运算符（+、-、*、/）进行矩阵计算。示例代码如下：

```
>>> import numpy as np
>>> a=np.array([[1,2],[3,4]])
>>> b=np.ones((2,2))
>>> print(a+b)
[[2. 3.]
 [4. 5.]]
>>> print(a*b)
[[1. 2.]
 [3. 4.]]
```

两个形状不同的数组是否可以直接做二元运算呢？形状不同的数组仍然有机会进行二元运算，但这不代表任意形状的数组都可以进行二元运算。简单地说，只有两个数组后缘维度相同或者后缘维度不同但其中一个数组后缘维度为1时，广播机制才会被触发。通过广播机制，NumPy 将两个原本形状不相同的数组变成形状相同，才能进行二元运算。所谓后缘维度，指的是数组形状（shape属性）从后往前看对应的部分，如图10.2所示。

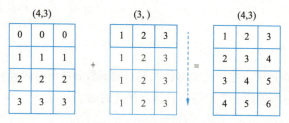

图 10.2　二维数组后缘维度图

图10.2中，一个数组的形状是(4,3)，另一个数组的形状是(3,)，从后往前看对应的部分都是3，属于后缘维度相同，可以应用广播机制，第二个数组会沿着缺失元素那个轴的方向去广播自己，最终让两个数组形状达成一致。

```
array5 = np.array([[0, 0, 0], [1, 1, 1], [2, 2, 2], [3, 3, 3]])
array6 = np.array([1, 2, 3])
array5 + array6
```

输出：

```
array([[1, 2, 3],
       [2, 3, 4],
       [3, 4, 5],
       [4, 5, 6]])
```

3. 点积

NumPy为每个矩阵提供了一个dot()方法，可以用它来执行与其他矩阵的点积运算，具体如图10.3所示。

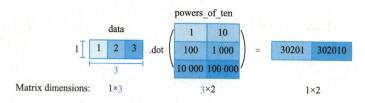

图 10.3　矩阵点积运算图

两个矩阵在它们彼此面对的一侧必须具有相同的尺寸（上图底部双色的数字），将此操作可视化为图10.4所示计算过程。

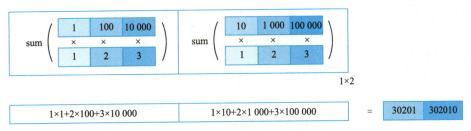

图 10.4　相同尺寸矩阵点积运算图

4. 矩阵索引

当操作矩阵时，索引和切片操作在实际应用中变得更加有用。矩阵索引和切片如图10.5所示。

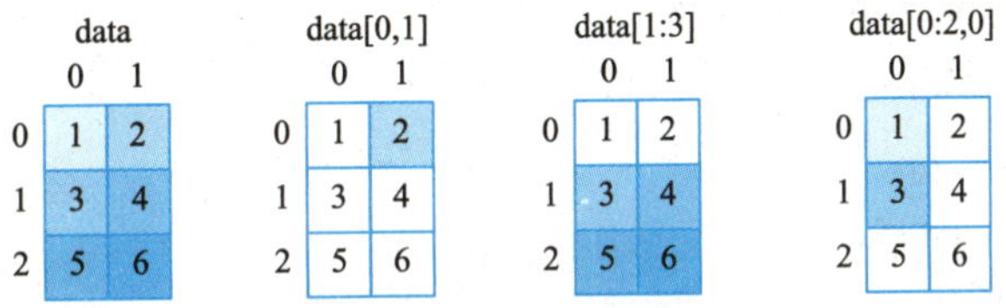

图 10.5　矩阵索引和切片

冒号表示从哪个位置到哪个位置，留空表示开头或者结尾；逗号表示行和列。NumPy的索引是从0开始的，并且后面的方括号是不包含后面的值（即小于后面的值）。

5. 矩阵聚合

可以像聚合向量一样聚合矩阵：不仅可以聚合矩阵中的所有值，还可以使用axis参数在行或列之间进行聚合，示例代码如下：

```
>>> import numpy as np
>>> a=np.array([[1,2],[3,4],[5,6]])
>>> print(a)
[[1 2]
 [3 4]
 [5 6]]
>>> print(a.max())
6
>>> print(a.sum())
21
>>> print(a.max(axis=0))
[5 6]
>>> print(a.max(axis=1))
[2 4 6]
```

6. 转置和重塑

处理矩阵时的一个共同需求是需要旋转矩阵。当需要采用两个矩阵的点积并需要对齐它们共享的维度时，通常就是这种情况。NumPy数组通过属性T获得矩阵的转置。示例代码如下：

```
>>> import numpy as np
>>> a=np.array([[1,2],[3,4],[5,6]])
>>> print(a)
[[1 2]
 [3 4]
 [5 6]]
>>> print(a.T)
[[1 3 5]
 [2 4 6]]
```

在更高级的应用中，可能会发现自己需要切换某个矩阵的维度。在机器学习应用程序中通常就是这种情况，其中某个模型期望输入的某个形状与自己的数据集不同。这时，NumPy的reshape()方法很有用。只需将矩阵所需的新尺寸传递给它即可。示例代码如下：

```
>>> import numpy as np
>>> a=np.array([1,2,3,4,5,6])
>>> print(a)
[1 2 3 4 5 6]
>>> print(a.reshape(2,3))
[[1 2 3]
 [4 5 6]]
```

10.6.3 公式计算

均方误差MSE公式是监督机器学习、模型处理、回归问题的核心公式。具体公式如下：

$$\text{MSE} = 1/n \times \sum i = \ln(\hat{y}_i - y_i)^2 \qquad (10\text{-}1)$$

其中，n表示数据集中样本的数量，y_i表示第i个样本的真实值，$\hat{y}_i$表示第i个样本的预测值。均方误差MSE公式广泛应用于机器学习中的回归问题。在回归模型中，希望通过某些特征变量来预测目标变量的值。使用均方差作为损失函数，可以衡量预测结果与实际观测值之间的差异，从而评估模型的预测性能。

除了回归问题，均方差还可以用于其他领域的数据分析和模型评估。例如，在金融领域，可以使用均方差衡量投资组合收益与市场指数之间的偏离程度，从而评估投资组合的风险。

在NumPy中具体实现代码如下：

```
>>> import numpy as np
>>> def mean_squared_error(actual, predicted):
        return np.mean((actual - predicted) ** 2)
>>> actual_values = np.array([1, 2, 3, 4, 5])
>>> predicted_values = np.array([1.5, 2.5, 2.8, 4.2, 5.1])
>>> mse = mean_squared_error(actual_values, predicted_values)
>>> print("均方差:", mse)
均方差: 0.118
```

10.6.4 NumPy 数据分析应用举例

NumPy库的强大之处在于提供了许多高级的数值编程工具，如矩阵数据类型、矢量处理，以及精密的运算库，专为进行数据分析而产生。

下面探索如何分析一家咖啡馆的销售数据，以了解销售趋势和最受欢迎的产品。通过分析咖啡馆的销售数据回答以下问题：

（1）咖啡馆的销售趋势如何？有没有明显的趋势变化或趋势？
（2）哪些产品最受欢迎？它们的销售量如何？
（3）是否存在任何特定时间段的销售高峰或低谷？

在开始分析之前，需要确保能够访问咖啡馆的销售数据。首先安装所需的Python库。打开终端并运行以下命令：

```
pip install numpy
```

接下来，使用Python的requests请求通过网络爬虫获取咖啡馆的销售数据。由于目标网站存在反爬机制，因此在请求中设置代理信息。以下是获取数据的示例代码：

```python
import requests
# 代理信息来自亿牛云
proxyHost = "u6205.5.tp.16yun.cn"
proxyPort = "5445"
proxyUser = "16QMSOML"
proxyPass = "280651"
# 设置代理
proxies = {
    "http": f"http://{proxyUser}:{proxyPass}@{proxyHost}:{proxyPort}",
    "https": f"https://{proxyUser}:{proxyPass}@{proxyHost}:{proxyPort}"
}
# 发送请求获取数据
response = requests.get("https://example.com/sales_data", proxies=proxies)
# 处理数据
data = response.json()
```

这样即可成功获取咖啡馆的销售数据，获取的数据为json格式，文件名为sales_data。接下来，使用NumPy库分析数据并回答提出的问题。首先，了解一下销售趋势图及销售情况。以下是同类销售趋势图的示例代码：

```python
import numpy as np
import matplotlib.pyplot as plt
# 提取销售量数据
sales = np.array(data["sales"])
# 创建日期数组
dates = np.array(data["dates"], dtype="datetime64")
# 绘制销售趋势图
```

```
plt.plot(dates, sales)
plt.xlabel("日期")
plt.ylabel("销售量")
plt.title("咖啡馆销售趋势")
plt.show()
```

接下来,找出最受欢迎的产品。可以通过计算每个产品的销售量来确定。以下是计算最受欢迎的产品的示例代码:

```
# 提取产品数据
products = np.array(data["products"])
# 计算每个产品的销售量
product_sales = {}
for product in products:
    product_sales[product] = np.sum(sales[products == product])
# 找出销售量最高的产品
most_popular_product = max(product_sales, key=product_sales.get)
```

最后,计算出销售高峰和低谷的时间段。可以通过计算每个时间段的平均销售量来确定。以下是计算销售高峰和低谷的时间段的示例代码:

```
# 提取时间段数据
time_periods = np.array(data["time_periods"])
# 计算每个时间段的平均销售量
period_sales = {}
for period in time_periods:
    period_sales[period] = np.mean(sales[time_periods == period])
# 找出销售量最高和最低的时间段
peak_period = max(period_sales, key=period_sales.get)
low_period = min(period_sales, key=period_sales.get)
```

通过Python和NumPy库成功地分析了一家咖啡馆的销售数据及销售趋势,找到了最受欢迎的产品,并确定了销售高峰和低谷的时间段。这些分析结果将帮助咖啡馆的业主做出更明智的经营决策,以提高销售业绩和顾客满意度。

小结

本章主要讲述Python强大的计算生态。Python语言有其基本库和大量第三方库,覆盖信息技术所有领域。即使在每个方向,也会有大量的专业人员开发多个第三方库来给出具体设计,所以Python的功能才足够庞大。本章主要针对Python的计算生态介绍常见的Python主要标准库:time库和math库,介绍了第三方库jieba库和pyinstaller库,展示了Python在数据分析方面强大的NumPy库。

习题

一、选择题

1. Python 数据分析方向的第三方库是（　　）。
   A. Plotly　　　　　　　　　　　　B. PyQtDataVisualization
   C. Pygal　　　　　　　　　　　　D. pandas

2. 以下不属于 Python 的 pip 工具命令的选项是（　　）。
   A. get　　　　　B. install　　　　C. show　　　　D. download

3. random 库采用的更多随机数生成算法是（　　）。
   A. 线性同余法　　B. 蒙特卡洛方法　　C. 梅森旋转算法　　D. 平方取中法

4. turtle 画图结束后，让画面停顿，不立即关掉窗口的方法是（　　）。
   A. turtle.clear()　　B. turtle.setup()　　C. turtle.penup()　　D. turtle.done()

5. 以下代码的执行结果是（　　）。

```
ls =[ ]
for i in range(11):
ls.append(i**2)
ls.reverse()
print(ls)
```

   A. [100,64,36,16,4,0,1,9,25,49,81]　　B. [0,1,4,9,16,25,36,49,64,81,100]
   C. [121,100,81,64,49,36,25,16,9,4,1]　D. [1,4,9,16,25,36,49,64,81,100,121]

6. turtle 库中设置画笔宽度的函数是（　　）。
   A. turtlesize()　　B. pen()　　C. write()　　D. width()

7. 要画红色线，颜色参数设置错误的是（　　）。
   A. color='red'　　B. color='r'　　C. c='r'　　D. color='红色'

二、编程题

1. 利用 turtle 库画出如下图所示的奥运五环。

2. 使用 RANDOM 中的 RANDINT() 函数随机生成一个 1～100 的预设整数让用户键盘输入所猜的数，如果大于预设的数，屏幕显示"太大了，请重新输入"；如果小于预设的数，屏幕显示"太小了，请重新输入"。如此循环，直到猜中，显示"恭喜你，猜中了！共猜了 N 次"，N 为用户猜测次数。

3. 利用随机数创建一个 10×10 的数组，并获取数组的最小元素和最大元素。

参 考 文 献

[1] 董付国. Python程序设计[M]. 3版. 北京：清华大学出版社，2020.
[2] 马特斯. Python编程从入门到实践[M]. 袁国忠，译. 北京：人民邮电出版社，2018.
[3] 猿媛之家. Python程序员面试笔试宝典[M]. 北京：机械工业出版社，2020.
[4] 黄红梅，张良均. Python数据分析与应用[M]. 北京：人民邮电出版社，2018.
[5] 陈沛强. Python程序设计教程[M]. 北京：人民邮电出版社，2019.